熊本学園大学・水俣学ブックレット 15

# 水俣病60年の歴史の証言と今日の課題

## 水俣学研究センター「ブックレット」刊行にあたって

水俣市月浦で２歳11カ月、５歳11カ月の二人のあどけない女児の発病を契機に水俣病が公式に確認されたのは1956（昭和31）年５月で、今年で50年になる。

昭和30年代には日本は「もはや戦後ではない」と言われて、まさに高度経済成長の坂道をなりふりかまわず駆け上がる真っ只中であった。経済発展とともに技術もまた驚異的に発達し続けており、わたしたちの暮らしは確実に豊かに便利になりつつあった。戦中、戦後の飢えから飽食の時代へさしかかろうとしていた。メディアも活字とラジオの時代からテレビ、映像の時代へと大きく転換しようとしていた。夢であった自家用車ももうそこまで、手がとどくところまできていた。街に自動販売機がお目見えして人々を驚かせた。

そのような経済発展に伴って、国際的にも日ソ平和条約が締結され、国連加入が認められて経済大国の道を進んでいた。華々しいメジャーな動きに取り残されるように、その裏で、各地で負の部分が蓄積されていたのである。1970年代に全国的に起こった公害反対運動と公害裁判などはそのマグマの噴出であり、棄民（きみん）の蜂起であった。

水俣では当時の先端技術で利便性がすぐれたプラスチック、ビニールが華々しく登場し、時を同じくして漁業など一次産業が衰退し、人口の都会への流出が進行していた。そのような背景に水俣病が起こったことは象徴的であった。

それから半世紀たった今、私たちは水俣病事件をさまざまな視点から再検証して、現代の問題に迫ろうとしている。市民に開かれた参加型の研究、地元に還元できる研究の拠点を目指して水俣学研究センターを熊本学園大学（熊本市）と水俣市現地に開設した。そして多様な活動を展開しようとしている。今回の「ブックレット」の発刊もその一つである。

ＩＴ技術が飛躍的に進歩・普及して学習や参加の形態も大きく変化している。インターネット、ホームページ、ウェブサイトetc.…この時代にあえて活字出版を選んだのは、多くの人に水俣病を取り巻くさまざまな情報を提供するばかりでなく、水俣病が先端技術の負の部分であったことも意識してのことでもある。懐かしく、やさしく、平易で思わず手に取りたくなるような、それでいて現在の時を刻む活字（ブックレット）を目指したい。

研究センターの編集、出版物としては専門性がないという批判が出ることも予想している。それがまた、オープンリサーチセンターの特徴の一つであり、目指すものの一つでもある。気軽に多くの方に読まれ、利用されることを願っている。

2006年５月１日　熊本学園大学 水俣学研究センター長 原田正純

# はじめに

熊本学園大学水俣学研究センター長　花田昌宣

水俣病の発生が公式に確認されたのが、新日窒付属病院から水俣保健所に届けのあった１９５６年５月１日であり、それから数えて今年で60年になります。

とはいえ、これは、あくまでも発生の確認から60年であって、水俣病患者はもっと早くから出ていました。水俣病の発生の確認から、熊本大学医学部が調査しますと１９５３（昭和28）年に患者発生の確認ができ、長い間、水俣病は昭和28年からといわれていました。ただ、これはあくまでもカルテの残っていた方のことであって、チッソは１９３２（昭和７）年から水銀を含んだ廃水を放流しており、原田正純先生らの調べでは戦前からの発症があったようですが、カルテの保存期間が過ぎており、調べようもないということにすぎません。

当初、「水俣奇病」といわれていた年から数えて60年、水俣病患者にしてみますと、毎日、毎年を生きておられるわけで、「周年」に何か特別な意味があるとはいえないにしても、この時の流れは重いものと考えます。このブックレットではこの時の流れの意味を考えてみたいと思います。たんに60年前に起きたことを振り返り、それを反省しようというのではなく、60年という時間そのものが、患者たちの生と闘いの歴史が刻み込まれてきたものであり、その時の流れの中で反省しようということです。

水俣病事件の歴史の中で重要な出来事は枚挙にいとまがありません。

発生確認後の原因不明といわれていた時期、何が起きていたのでしょうか、そしてそれがその後どのようになっていったのでしょうか。おおざっぱにいってみても、１９５９（昭和34）年の漁民決起と患者座り込み、そしてその年末の見舞金契約、１９６８（昭和43）年9月、政府厚生省による公害認定から水俣病訴訟の提起。互助会の裁判闘争と川本輝夫さんたちの自主交渉闘争、そして１９７３（昭和48）年3月20日、熊本地裁における全面勝訴と東京交渉による補償協定締結などを挙げることができます。

水俣病の患者たちの闘いはこの判決ののち、いわゆる未認定問題という新たな局面に入っていきます。「認定制度」という姿の見えないものに対する患者たちの決起はその後長く続いていくことになります。１９８０年代の未認定問題に関わる患者たちの闘いは、環境省（庁）や熊本県を相手取った患者団体の交渉、国家賠償請求訴訟、行政不服や行政訴訟などさまざまな形をとっていました。１９９５年には、訴訟の和解、そしていわゆる自民党、社会党、新党さきがけの三党合意に基づく政治解決でいったん決着したかに思われました。そのころ水俣市では、環境創造みなまた推進事業ややもやい直し事業が取り組まれていました。いわば「水俣病の解決」時期を迎えたような雰囲気さえありました。のちになって分かることですが、水俣病の患者・被害者はまだまだ潜在していたのです。

関西地区に移住した患者たちの訴訟は和解・政治解決の流れにのらず、継続され、２００４年10月、国と熊本県の責任を認める最高裁判決が下されました。２００６年、水俣病50年の記念行事が開かれましたが、水俣病患者の運動は再燃し、幕引きとなるどころではありませんでした。さらに、２０１３年には、水俣病の認定を求める訴訟で水俣の溝口さん、大阪のＦさんの認定義務づけ訴訟で最高裁判決が出され、患者側の勝訴となり国の定めた認定基準の過ちが明確にされました。現時点でも、さまざまな水俣病訴訟が起こされ、継続しています。

このように60年の歴史を見て行くと、水俣病患者の折々の運動があって水俣病の歴史が築かれてきたようにみなすことができますし、そのことへの評価も必要だろうと思います。

このブックレットでは、第一部を「水俣病の歴史の証言」、第二部を「水俣病の今日の課題」としました。

第一部に収録するのは、２０１６年1月8日、第11回水俣病事件研究交流集会での「水俣病60年の歴史の証言」と題された特別セッションでの講話の記録です。水俣病の60年を語るにふさわしいと思われる方にお話しいただきました。話者は、水俣病患者、市の職員、チッソの工場労働者、支援者、学校教師とそれぞれ立場の異なる方々です。それぞれ貴重なお話を伺うことができました。このブックレットを作ろうと企画するに至ったきっかけが、この歴史の証言でした。一期一会の機会としてもうけたものでしたが、なんとか後世に残せないものかと考えた次第です。

坂本フジエさんは１９２５年生まれ。１９４６（昭和21）年、水俣の漁師に嫁ぐ。水俣病発生の初期のころをご存じの方。１９５３（昭和28）年生まれの長女・真由美さんは、水俣病を発症し4歳で亡くなり、次女しのぶさんは１９５６（昭和31）年生まれの胎児性水俣病患者です。夫故武義さんおよび、ご自身も水俣病患者です。

渕上英明さんは元水俣市職員、85歳。１９５０年水俣市役所に入職。水俣病の初期は衛生課職員として水俣病に取り組んでおられました。この日は、飛び入りで、ご発言いただきました。

堀田静穂さんは水俣出身の看護師。水俣病の支援者としてお話をお願いしました。「水俣に移動診療所を」という活動をされており、患者さんたちのところを一軒一軒回っては話を聞き関わっていくという貴重な活動をしていた方です。

中村和博さんは１９２３年生まれ。１９４０年にチッソに入社した工場労働者。公害を出した企業の労働者でありつつ、同僚に水俣病患者のいたことなど伝えていただきました。現在、92歳。著書に『チッソで働いた蟻のつぶやき』（文芸社）。

梅田卓治さんは１９５８年生まれ。水俣市生まれで現在、小学校教員をしておられ、また水俣芦北公害研究サークル会長をなさっています。57歳。学校教員として水俣病や人権教育に取り組んでおられるのですが、この日は、ご自身の水俣第一小学校時代、坂本しのぶさんら胎児性水俣病患者がいたことなど、子ども時代のことをお話しいただきました。

なお、この水俣病事件研究交流集会は、当初、１９９５年の水俣病政治解決の後、故原田正純先生、故宇井純さん、新潟の坂東克彦弁護士、そして岡本達明さんが呼び掛けて、水俣病がこのまま終わっていいのだろうかという趣旨で小さく始まった水俣病事件研究会が前身でした。それから10年、原田先生を中心に続けられましたが、10回目になった時、原田先生が「次の世代にバトンタッチしたい」と言われ、ちょうど熊本学園大学に水俣学研究センターが立ち上がったころですので、名前に「交流」という字をつけまして「水俣病事件研究交流集会」として再出発しました。それから11回目ということになります。

本年は水俣病発生の公式確認から60年目に当たり、しかし、とても大事な年だということで、地元水俣ばかりではなく全国から１８０名を超える参加者がありました。

水俣病の問題が、終わるわけでもないし、解決しているわけでもない、患者さんたちの運動あるいは行政の取り組みも、そしてさまざまな研究者の取り組みもまだまだ続いています。そうした人たちの交流の場、議論を闘わす場になればいいと考えています。


第二部は、現在の水俣病と水俣をめぐる課題として三つの論稿を収録しました。一つ目は、田尻雅美の論文で、さまざまに輻輳（ふくそう）している被害補償制度について整理し、医療および金銭給付だけではなく、生活保障を支える仕組みが大切であることを訴えています。二つ目の中地重晴の「水俣市に残された水銀による環境汚染」は、現在あまり語られることのない水俣の生活環境における水銀汚染とその除去について、市民調査の結果を示しながら報告しています。最後は花田昌宣の論稿で、水俣病がなぜ終らないのかをテーマに分析し、現在の課題を示したものです。いずれも、水俣病60年の今日を語る上で欠かすことのできない論点だと考えています。

水俣病という人類にとって重い課題ではありますが、このブックレットは、第一部、第二部を通して、私たちの志す水俣学の視点からの問題提起です。ご意見、ご批判のあることを期待しつつ少し長めのはしがきとします。

# 目次

第1部　水俣病60年の歴史の証言

# 湯堂の水俣病、そして見舞金契約

坂本　フジエ

みなさん、こんにちは。私は湯堂の坂本フジエです。

湯堂では昭和31（1956）年7月の初め頃、患者が目に分かるように出てきました。その時は水俣病でなくて「奇病」といいよりました。病名が分からない「奇病」でした。1軒の家に2人とか3人とか患者が出るもんだから、その時は、伝染病じゃなかろうかということで、みんながものすごく恐ろしがり、嫌がった病気でした。だから避ける人はみんなが避けたがったですが、私のうちは子どもでしたから隠すことはありませんでした。

うちの家族では3歳になる長女と胎児性患者のしのぶと私と主人と4人が水俣病にかかっておりました。だからできるだけみんなが隠したのですが、私は隠そうとは思ってもおりませんでしたし、子どもだから隠しもできませんでした。昭和31年当時、患者は劇症型が多かったようでした。うちの真由美は昭和28年8月5日生まれで、発病したのが7月だから、あと1カ月で3歳でした。

ばあちゃんが守りをしながら「歩くのが何かおかしかな。ちょっと、石ころに引っかかってよくこけてばっかおるけん、奇病にかかったっじゃなかろうかな」と言っていました。

**真由美のこと**

栄養失調とかいろいろ言われた時に、私は米も作ってるし、野菜も作ってるし、魚もいっぱい食べさせるけん、奇病にはかからんもんね、と言いながら、水俣では会社の病院が一番大きかったんで、チッソの病院に連れて行きました。真由美に廊下を歩かせた時に上手に歩いたから、「どうもないでしょう」と先生は言われてました。その時、しのぶが７月20日に生まれたばかりで、私は連れて行かれずに、主人がからって自転車で病院に連れて行きよりました。３日ぐらい病院に連れて行った時に、ご飯を食べさせようとしたら、食べながら震えがきました。その震えがきた時に「あー、やっぱこの子も奇病にかかっとっとかな」と、その時はじめて分かりました。３つになっても自分の足で歩けんとか、しゃべられんとか、まだ自分では言えなかったです。ふと８畳間の部屋を歩かせた時に、上手に歩けませんでした。「何でそんなに歩くとね」と私が言うた時に「うろうろやって歩かんば歩かれんと」と本人も言っとりました。

坂本フジエさん
（写真：水俣学研究センター）

しのぶが７月20日に生まれて、「赤ちゃんはどこにおっとね」っていうぐらいで、よく見えとらんようでした。視野が狭くなっとって、赤ちゃんの方に顔を向けてくれた時に、「ああ、赤ちゃんなここにおっとね」と、分かる程度でした。３歳ではまだ自分の事は何も言えません。

　私は真由美の時は奇病だから、病名は分からないし、いつかは病名が分かって、いい薬が出てくれば良くなるだろうとばっかり思っとりました。まだ私も31歳でした。だから真由美の時は、絶対死なせずに病名が分かるまでに生きらかしとかんばいかんねということで、生きらかしとかんばと、それだけが頭にありました。しかし、自然と言葉も出なくなるし、歩くのも歩けないし、物を口から食べることもできないし、目も全然見えませんでした。私は親として、その姿を見ていかないといけない辛さは、いくら私が大きい声で話しても本当に皆さんには分かってもらえないと思います。

しのぶの時

　しのぶの時は、本人が魚を食べてもいないし、生まれた時には普通に生まれたので安心していました。でも、6歳くらいで歩き始め、やっぱり他の子どもと比べたら遅れていました。特にしのぶの時は普通でない気がしたから、病院も水俣の病院は全部回りました。でも、（お医者さんたちは）脳性小児マヒとおっしゃった。私は素人ながらに、なんでこんな小児マヒの子どもが海岸にばっかり生まれるんだろうかな、と思っとりました。山の方には小児マヒの子どもは誰もおりませんでした。でも、小児マヒの子どもが水俣病患者の家庭にばかり生まれとるし、いろいろ素人ながら考えた時に、やっぱし、小児マヒって言われても、おかしいな、と思っとりました。

　ほんとはまだ昭和31年より前にも患者がおったそうですけど、私たちが気が付いたのは、湯堂では昭和31年からです。出月の浜元フミヨさんのお父さん（浜元惣八さん）もエビ網を張って夕方取って、大きい声で「あんたたち、はよあがったね」と言いながら帰られたんですけど、翌朝に

「お父さん、網ば手繰りに行くよ」と言われた時には、もう船に乗せられる状態ではなかったそうです。惣八さんも急に症状が出て、熊大に行ったそうです。２週間後、今度はお母さんが具合の悪かって連れてこられるし。フミヨさん、ほんとに二親とも、まだ60代の一番働き盛りでした。

そんな風で患者が出始めた当初はもう、とにかく劇症型が多く、子どもは何とか捕まえて注射なんかでけたですけど、大人は暴れてどうしようもなかった。みんなが劇症型で、何人も死んでいきました。だから水俣病と分かって、水俣病患者を隠す人は徹底して隠して、今でも隠したいという人もおります。

だから、水俣病の患者、患者じゃなくても患者の家族にも嫁さんには行かない、嫁さんももらえないという状態ですので、患者が出始めた昭和31年ごろはみんなが嫌がった病気でした。水俣病とはっきり分かってから、もっと行政が真剣になって取り組んでくれたならば、こんなに患者もたくさんでなかったろうし、何十年もかからなかっただろうと私は思ってます。だから、ほんとに何年たってもチッソは憎いです。

## 見舞金契約の時

昭和34（１９５９）年の見舞金契約の時は、患者家族の代表が、子ども側から３人とか、大人側から３人とか、死亡者側とかが出て、いろいろチッソと話し合いをしました。それで、会社と交渉して、みんな他の人は正門に座り込んでいました。でも、私たちは漁民だったり農民なのに対し、チッソはみんな東大出ばかりだからうまく話し合いにならず、チッソの言いなりに動いてしまいました。昭和34年12月30日の事でした。その時会長が、見舞金は子どもは３万円、大人が10万円と言いました。それが1年間でです。外の正門で座ってる所に、「これをのまんば、あんたどまどこからも、お金の入っところはなかっよ」と言われたのです。決してみんながそれを喜んでもらったのではありません。もらわんとよりも、そんならもろうた方がよかろうもんと言うことで、見舞金はもらいました。いくら被害者だからといってチッソと話し合いをしても、とてもチッソには勝ちませんでした。支援者もいないので、被害者である患者とチッソが話し合いをしても、チッソのいいなりに動くしかありませんでした。

私たちは自分たちだけではなんにもできませんでしたが、昭和43（1968）年1月、水俣病対策市民会議（のちに水俣病市民会議）ができて、日吉フミコ先生たちが頑張ってくださって、告発（水俣病を告発する会）ができて、市民会議やみんなのおかげで裁判することができて、裁判も勝ち取りました。

それから（昭和48年3月20日の勝訴判決のあと）、東京に行って交渉しながら、年金とか、おむつ手当とかいろいろ取りました。だから、私は裁判してよかったなと今でも思っとります。裁判して、いろいろ年金なんかも勝ち取ったおかげで、今の闘いもあるし、これからもやっぱし頑張っていかなくてはならないと思っとります。ありがとうございました。

質問

花田　見舞金契約の時、坂本さんところは子どもと言われましたけど、子どもの親の立場で出ていかれていて、金額もとっても安くて、必ずしもみんなが賛成してたわけじゃないという話が記録に残っていますが、そのころ、見舞金契約にハンコ押す時、フジエさんはどう思われていたんですか。

坂本フジエ　契約書の中の文章とか誰も読んどらんですよ。初めから読まずに会長が、「ま、これだけ」と言いながら「もうあんたどもはこれをのまんばどこからもお金は入ってこんとよ」と言ったのが12月30日でした。みんな正月が来るなら、もち米も買わな正月はでけんちゅう家庭だから、漁民は。だからもらわんよりは、もろたほうがよかろうもんといってみんなもらいなすった。

斉藤恒（新潟・木戸病院医師）　昭和43年9月、政府が水俣病をチッソが原因の公害病と認めたわけです。またチッソが原因だというのはもっと早くから熊本大学が認めていました。しかし昭和28年、29年ごろからチッソが原因だというのは皆さん分かってらっしゃったですね。それから、もうひとつ確認したいんですけれども、昭和43年1月に坂東克彦（弁護士）さんや新潟の患者さんたちと一緒にお伺いした時に、あなたにもお会いしたと思うんだけども、あの時、渡辺栄蔵さんが私に言ったことは、（見舞金契約の締結の時には）「今日、お金を持っていかなければ正月を迎えられないんだ。しかしそれだけじゃ、網元への借金返済にもならねぇんだ。借金全部返せないんだ。だけども、ほんのわずかでも持って帰らなければ家中の者がどれほど困るか分からん」ということで、妥結したら将来補償しないとか、原因が分かっても補償しないという文までは見ないで判を押したと聞いたことあります。やはりそんな状態ではなかったかと思いますが。

坂本フジエ　そうですね。みんな病人家族だからその日、その日の生活だったりで貧乏しとったです。だから、お金をその時にもらわなければ正月はほんとにやっていけないという家庭ばかりでした。だからもらわんよりももろた方がよかな、ということでもらいました。

# 水俣市の衛生行政にタッチして

渕上　英明

まず先に断り申し上げたいと思います。私は当時17歳で水俣市の役場に入りまして、平成4年に定年を迎えるまで、43年勤めてきました。それから25年、現在は85歳のこういう年になってしまいました。このごろは、物忘れもひどくなりましたので、昭和31年ごろのいわゆる60年前の話をせよと山下善寛さんから言われましたけれども、まあどういうことになるか。つじつまが合わない点も多々あるかと思います。ましてや私は水俣弁になってしまいますので、お分かりにくい点があるかと思いますけど、どうぞよろしくお願いいたします。

それでは私の話の順序としましては、まず第一に「奇病対策委員会」の発足、それから患者発生の状況、それから熊大に対する、研究班に対する協力、まあそういうことについて簡単に説明申し上げます。

「奇病対策委員会」の発足

私は昭和25（1950）年の4月に衛生課予防係に配属され、35年の4月まで10年間、衛生行政にタッチしてまいりました。

その間の昭和31年５月初めに水俣保健所より月浦地区の方にチッソ付属病院に脳症状を呈する症状で入院された患者がいるという電話連絡がありましたので、職員と２人、その地に疫学調査にまいりました。まいりますと、２軒とも子どもだけおりまして、親はお留守でしたので、その子どもに対しましては、よく「あんたたちは体に注意して遊びなさいよ」というような、ただそういうようなお願いをいたしまして帰りました。

その後、患者は発生しておりまして、重大なことというように考えられましたので、昭和31年の５月28日に保健所、市衛生課、水俣市で「奇病対策特別委員会」というのを設置しました。患者の処置とか、原因究明が主な業務でございました。

一方、新日窒付属病院に入院中の付添婦の方が発症するという事例が生じましたので、付属病院の一般病棟に入院中の患者さんたちが「あれは伝染病ではないか」という騒ぎになりましたので、付属病院も大変困られまして、委員会に対して「こうこうこういう事情であります」というふうに細川一院長が説明されて、細川院長はその当時は伝染性じゃないのではないかと、自分は思うておったという事を、後で発表されておりました。けれども、その当時はまあ、入院患者さんにしますと付添いの親が発病されたんだから、やっぱりあれは伝染病じゃということで騒ぎになりまして、委員会が開かれたわけです。

渕上英明さん
（写真：水俣学研究センター）

委員会、市といたしましては、患者をどう入院させるか。水俣市には、その当時は（現在のような）市立病院という大きな病院はございませんし、個人の病院ばっかりでございました。やむなく、その当時、水俣は、疫痢とか赤痢、日本脳炎の発病が多い地区でして、8月であり、「擬似日本脳炎」に、やむなく適用しました。それで、伝染病隔離病舎、水俣では避病院と言っておりますけど、避病院の方に転送いたしました。その時の患者さんが何と言いましたかね。8名の方でございました。

熊大の「水俣奇病研究班」

県は7月26日、熊本大学（以下、熊大）に対し原因究明の研究を依頼しましたし、市の対策委員会も熊大医学部に原因究明を依頼しました。8月24日に熊大に「水俣奇病研究班」が設置され患者の診察、現地の調査に来られました。

それで、伝染病院に入院している水俣の患者さんを熊大の内科、小児科の先生方が毎日診るという事は困難ですので、熊大として、学用患者として熊大の方に引き取りたいという申し出がありました。8月30日、夏の盛りでしたが、大型バスを貸し切り、昔の旧道を三太郎峠越えをしながら3時間かかり熊大の附属病院、当時の藤崎台病院ですね、今現在は野球場になっておりますけれども、あのところに藤崎台病院があり、そこに転送いたしました。

それから入院患者に対しては、熊大の学用患者ですので医療費を出しておりませんでしたけど、付添いさんに対しては、市の方から当時の食事代としていくらかの、金額は省略しますけども出しております。その後、わざわざ熊大に入院することや、地元でも患者さんがどんどん出ていきましたので、水俣にも専用病棟を作ってほしいという希望もあり、市立病院に併設しました。昭和33（1958）年12月には、11名の方が市立病院の専用病棟に入院をしております。

話はちりぢりばらばらになってしまいますが、当時水俣の患者さんに対しては、新しい患者が出たときは水俣市の「奇病対策委員会」に諮り、水俣病として登録しまして台帳を作ったわけです。その当時は64名ぐらいの患者になっています。

### 熊大研究班に対する協力と市衛生課の仕事

それから熊大研究班に対する協力ですが、昭和31年8月に熊大研究班は、７つの研究室から結成され、昭和34年12月まで、ほんとに真摯に、診察、調査をされました。多い時には1日10名くらいの先生方が水俣においでになっているような状況でした。

水俣湾の海水はもちろん、地域の井戸水、それから発生地域の土、それと食料品、チッソの排水口の水はもちろんですけれども、毎日のように熊大に送っています。

特異なのは熊大の法医学の方から熊本市の猫を10匹連れて来られ、これを漁業者の方で飼育するようにお願いできないかという事でしたので、実験の方に依頼をしました。10匹とも発病しています。

そのうちの１匹は、どこにもお願いするところがなかったので、家の方に連れて帰りました。飼料は水俣湾の飼料をお願いし、飲み水はチッソの排水で、猫に首輪を付け、紐でどこにもいかないようにし他の食べ物は食べさせないようにして、床の下で飼いました。その猫が発病しまして、法医学の先生に解剖してもらったら、水俣病で間違いはないようだということでした。これは私の一つの仕事だったわけですけれども。

当時、水俣病、「奇病」に対する風評といいますか、あらゆる先生方から爆弾説（昭和34年9月、日本化学工業協会大島理事、有機水銀説に疑問を呈し爆薬説を発表）も出ましたし、それから農薬説も出ていいます。爆弾といいますのは、あの茂道山地区に戦時中、海軍施設として弾薬倉庫を作ったわけです。その時のトンネルなんかも今ありますが、まあ、そこの爆弾が流れたんじゃないかというような説もありましたので、その調査もお願いしています。それから農薬説は、茂道山が甘夏みかんを切り開きましたので、その農薬が流出したんじゃないかという話も出ましたので、その調査もその当時、していいます。

昭和31（１９５６）年11月3日に熊大研究班の中間発表があり、重金属による中毒症が一番疑わしいと発表されました。それ以後は、チッソという名前を言っていいか分かりませんが、排水に含まれる重金属がどうして魚に入るのか、その過程というのを熊大でだいぶ研究され、その飼料として、その当時水俣湾で小さい貝、カラス貝といいますが、たくさん取れますので、それを取ってもらって、干して、熊大にイワシ袋で１００俵近く、１００回近く送っています。

それから地区住民に対する検診でございますけれども、昭和31年12月には湯堂地区、それから月浦地区の住民、それから袋中学校、小学校の全生徒に対して、熊大にお願いして身体検査をしています。

それから市の方では新しい患者が出ますと井戸水はもちろんその家中の消毒を行いました。ネズミの駆除もその当時、実施しています。市の環境課の仕事でした。

以上、ほんのあらましだけを説明いたしました。大変聞きにくい点があったと思いますが、ご容赦いただきたいと思います。

質問

**矢作正**　昭和31年11月に熊本大学が重金属説を出されて、それで伝染病ではないとなったわけですけれども、その後、市として伝染病ではないということを、市民にどういうふうに説明していたのかをお聞きしたいんですけども。

**渕上英明**　その当時、市としては、伝染病ではなかったという説明はしておりません。奇病対策委員会としましては、国の発表、県の発表を市にしていますので、その当時、事改まって「伝染病じゃなかったよ」というようなことはしておりませんでした。マスコミの方で、もう周知でございますので。

**矢作正**　では次ですが、国、県の指示が出て、伝染病ではないというようなことがきちんと分かった上で、それから知らせるということはなかったわけでしょうか。一般に市民の方はまだ伝染病だと思っていたとみられているわけですけれども。

**渕上英明**　付属病院の患者さんが発病した、あるいは伝染病棟に収容されたというような事例もあり、伝染病ではないかというような風評が立ったのは確かです。後で考えますと、伝染病棟に収容したのは間違いだったんだろうかなとは思いますけども。その後また伝染病として、伝染病じゃないということをですね、市民には改まってはしておりません。

**下田守**　北九州の下田です。貴重なお話どうもありがとうございました。昭和31年から担当しておられて、調べていく中で、だんだんその水俣湾、あるいはその周辺の魚を食べるとどうも病気になるらしいということに気づかれていたと思いますけど、それはだいたいいつごろからそういう認識が市の中、担当、あるいはその市民の方で分かったのか。また、そのことを受けてどのようなことをされたか、されなかったか、そのあたりをお伺いできればと思います。

**渕上英明**　先ほど坂本フジエさんのお話にも出ましたけども、31年5月は付属病院に入院患者が出ましたので、そのころから漁業者やその周辺に対しての住民の方はおおよそ魚が原因ではないか、またその地区のネコが全部いなくなったということの事例もありますので、やはり魚が危ない、と同時にその当時は漁業者の方が主に発病されていますので、そういう因果関係を見ますとやはり魚の方が危ないいんじゃないかというような状況でした。

**山下善寛（元新日窒労働者）**　今日は、体の調子が悪い中、「いや、おれはもうちょっと体が悪いんだ」とおっしゃる中を、無理にお願いしたところ、お話をしていただきましてありがとうございました。お話の中で、カラス貝を干してイワシ袋100袋ほどを大学に送ったというお話がありましたけれども、実は私もチッソの中で飼料作りをしていたんですね。それで、チッソ以外の水俣市独自で魚を干して送っておられたのか、それとも、チッソから市の方に持ってきてそれを送ってお られたのか、そういう事をちょっとお聞かせいただけたらと思います。

**渕上英明**　その当時は、やはり研究者も医師、ほとんど（の方は）はチッソの排水じゃないかと（考えていると）いうような状況でしたので、なるべくチッソとの関わり合いと言いますか、疑われるようなことは慎んでいました。ですから、それはチッソからの飼料ではございません。飼料を、直接私が電話しまして、坪谷の漁業者の方にカラス貝を採って干して飼料を作ってほしい、また、魚を取ってほしいと直接私の方からお願いしていますので、チッソとの関係は全然ありません。

**司会**　ありがとうございました。まだまだ聞きたいところですが、渕上さんにはまたそれぞれ個別にゆっくりお話を聞く時間を私たちの方が作りたいと思います。無理して出てきていただきました。淵上さんありがとうございました。

# チッソ工員の水俣病

中村　和博

中村です。実は私、あと3週間で93歳になります。そのため、ぼけが始まって、職員、人名、地名、そういう固有名詞がなかなか出てこないことがあります。だから水俣弁でですね、引っかかりながらの話になると思いますが、その点はどうぞご了承いただき、聞いていただきたいと思います。前置きが少々長くなりましたけど、足がちょっと疲れますので、腰かけて話をさせていただきますので、よろしくお願いします。

## 大矢二芳さんの発病

議題は、水俣病の初期の患者について語れということでした。水俣市立水俣病資料館の語り部、吉永理巳子さんのお父さんの大矢二芳さんを付属病院の病室に訪ねたのは昭和30年5月30日です。西暦でいえば1955年ですね。その前日まで私たちは立野にあるチッソの白川発電所、国道57号を阿蘇に上って行けば白川の対岸の方に鉄管が2本立っています。そこが白川発電所で、鉄管の修理に行きました。だいたい予定では3週間でした。行っていきなり、棒心だった福本富次郎さんという方が肋間神経痛で倒れて、早めに帰りました。5月29日に私たちの工事が済んだもんですから、

中村和博さん
（写真：水俣学研究センター）

福本さんの所に、工事が無事に済んだ報告とお見舞いに付属病院に寄ってみました。

その時、福本さんが「大矢君も入院してるよ」と話されたもんですから、大矢さんの部屋を訪ねてみたところ、大矢さんが、自分の舌を指しながら「舌がシ・ビ・レ・テ話ができない」と言うんです。元々、大矢さんは有能な製缶屋で雄弁家でした。

ご存じとは思いますが、チッソは戦前、硝酸、濃硝酸を作っており、それが火薬の原料だったもので、米軍がコテンパンに空襲で破壊しました。水俣工場は大小12、13回の空襲だったと記録されています。大きい空襲は、昭和20年の３月29日の２、３機の空襲から始まって、大がかりな空襲は５月14日の艦載機の54機の空襲が始まった後、７月31日に大型の爆撃機が27機。それが３波来て延べ80機ばかり。それで水俣のチッソ工場はコテンパンに破壊されました。さらに、８月10日、今度は焼夷弾攻撃です。ダメ押しのような焼夷弾攻撃が水俣工場の南側の方、薮佐の方はほとんど壊滅し、とばっちりを食って水俣駅の周辺まで破壊されてしまいました。そのため、戦後の水俣工場は鉄骨の建物だけで、スレートのひさしがついているのはどこもありませんでした。それを再建する最大の戦力が製缶屋鉄骨の大工さんです。それが大矢さんでした。当時、そういう工場の方に若いもんたちをずいぶん動員し、その中に、のちにレッドパージに遭った共産党の人や、暴力団の団員だった人たちもいましたが、一緒に仕事をしていました。戦後、昭和21年に労働組合が結成されて、その労働組合の中には、職場委員、係単位で代議員、その組合の運営委員とありましたが、大矢さんもその執行委員でした。だから当然、雄弁家でしたよ。その雄弁家の大矢さんが舌が痺(しび)れて話せない、語れない。

その時、既に、月浦とか湯堂とかにそういう奇病の患者がいるという話も聞いていました。水俣病の公式発表はその翌年の昭和31（１９５６）年の5月1日ですよね。その当時、大矢さんは既に1年ばかり入院していました。だから、ほんと大矢さん残念だったなと思います。

実は大矢さんと、私たちは同じ職場でした。職場の仲間でとった写真が残っています。大矢さんのご自宅に行けば、これが遺影として飾ってあります。大矢さんの遺影の後ろに私も薄く写っています。美男でしょう。大矢さんと私は、特別に親しい関係でした。大矢さんは付属病院に入院していても病状がはかばかしくないもんだから、自宅に帰って自宅療養するうち、自宅の近く、皆さんもご存じと思いますが、今の水俣病資料館の隣でお父さんが魚、小魚をとって煮干しにして、生活しておられたということを、職場委員の人たちが何人も、聞いてます。岡本達明さん、私たちは「たっちゃん」と言いますが、たっちゃんの民衆史には、その以前に月浦の坪谷に居る人たちは貧しいために、唐芋を食うようにしてカキをとって食べたとなってい

まだ水俣病という名も無いころに水俣病で亡くなった大矢二芳さんと（写真提供：中村和博さん）

ますが、大矢さんは私たちより給料が良かったはずで、そう困窮していたとは思えません。それにしても、魚がこんなに取れて生活できたのが災いしたのではなかろうかと思います。

実は、チッソの排水が後で百間から水俣川に流された時、水俣川の下流で尺ばかりのボラが横になって泳ぐ、水俣弁で言えば、びんた泳ぎ。痩せたようになってびんた泳ぎをしてました。おそらく大矢さんのとこでも、子どもたちが取って食べたんじゃなかろうかと思います。だから水俣川の方でも出てきた状況であって、それが後でも水俣湾にはずーっと、びんた泳ぎのボラがいました。そういうところからいってもやっぱり、水俣病の発生は昭和27、28年ごろじゃなかろうかなと思っております。私は水俣病患者の方を他には見ていませんが、大矢さんだけは残念でなりませんでした。

### 労災の被害者

戦時中、私は硝酸係にいました。硝酸はさっき言ったようにご存じと思いますが、火薬の原料です。火薬の原料として、チッソの工場の濃硝酸を神奈川県の平塚の海軍火薬廠に送って、火薬を作っていました。その火薬が、開戦直後にシンガポール辺りでイギリスの軍艦プリンス・オブ・ウェールズを撃沈したことがありましたが、それは水俣工場で作った硝酸を使用した火薬だったと、工場長が披露して激励してくれたこともありました。そういうことを含めてこの硝酸の材料は最初35キロぐらいの甕(かめ)に入れて平塚の海軍火薬廠に送っていたのが、戦争の激化で硝酸の需要が増えていたんでしょうね。アルミニウムの15トンもあるタンク車を作って、平塚に送るようにしたんです。

昭和19年の３月７日だったと思いますけども、従業員が帰った後の残業時間に、その時組長だった長島辰次郎さんが自分で硝酸を送る操作をしていました。ご存じとは思いますが、濃硝酸はアルミで保ちます。希硝酸の60％まではステンレスですが、それ以上はステンレスでは保ちません。アルミでしか保ちません。だから、それを止めたり開けたりする「コック」は、アルミの合金の「スピロン」という合金製です。チッソは自前で作っていましたが、材質は鋳物ですがもろいんです。

見ていた人がいないので誰にも分からないんですが、「送酸ポンプ」の上にあるのが、少し漏れたらしいんです。漏れたもんだから、長島さんがその「コック」の「グラウンドパッキン」を増し締めしたらしいんです。漏れ止めを要はポンプを止めてやればよかったんですが、止めずにやり、「グラウンドパッキン」押さえの蓋が割れ、「コック」の「スピンドル」がポンプの圧力ですぽーっと抜けて、長島さんは濃硝酸を前から丸かぶりしました。それで、そのまま前に抜ければ良かったのですが、硝酸を入れた甕がずっと並べてあって、やっと1人通れるくらいの広さだったんです。長島さんはこれはしまったと回れ右して逃げたわけです。そしたら、前からいっぱい、後ろからもいっぱいかぶってしまいました。ただ、頭はラシャの帽子をかぶっていたから助かりました。それこそあの、だいたい火薬の原料になるような濃硝酸ですよ。それはもう、とてもじゃない。私が長島さんを見つけた現場が、濃硝酸の製品置場の横からせいぜい2尺くらいの下水溝、そこに入って水がたまっているのを自分でパチャパチャッてかけよったんですよ。私はそれを見つけてから、応援を頼んで助け出して戸板に乗せて。硝酸工場は、ご存じとは思いますが、アンモニアを酸化させて硝酸ガスにするんですが、その酸化する時に少しばかり、熱が出ますんで、その部屋の酸化室は温かいのでそこに連れて行きました。硝酸の現場の人たちは、硝酸をかぶったら、絶対そのまま病院には連れて行くな、残ってる硝酸がずっと体を侵していくから、とてもじゃないが助からない。

だから、重曹で完全に、中和してから連れていくんです。だから小1時間ばかり、重曹を溶かしてずーっとこう、体をだいたい中和したなーちゅうくらいまでして、付属病院に連れて行きました。とても助かるとは思いませんでしたよ。

ところが、病院に着いてから長島さん、当時はすでにもうアルコール類は統制でしたが、その前に、焼酎の切符が各自に抽選で当たっとったとです。植田さんという人がいて、女性でしたけども、「植田、わいの焼酎ん切符ばおれにくれろ」って、重症の長島さんが言うたとです。「長島さんこれで助かるばい」と思いましたよ。

それから約1年、昭和20（1945）年の3月ごろ、長島さんが硝酸の現場に現れました。すると私はそこの現場でポンプの解体修理をしていたんですが、「中村、お世話になったね」っていうおっさんが来たもんだから、ちょっと顔を上げて見たんです。ところが、それが大変な「かお」です、水木しげるさんの妖怪、唇はこう曲がって鼻はもうほとんど、こっから下は無かったですたい。耳たぶもありません。目はこう、全部つんくりかえしたようになっとっとです。「あらー、こら水俣もんじゃなかばってん、こげん人はだごー、おら知らんぞ」と思うたばってん、見とったらですな、長島さんがもう1回、「中村お世話んなったね」ともう1回言ったので、「ああ、そうだった長島さんか」ってもう喜びましたよ。

ところが、本人とすれば、その妖怪のような格好で外にやっぱり出られんでしょ。家が百間の八ノ窪の登り口の手前でした。だからもう昼間はとても漁には出れないと、夜ぼり（夜釣り）で水俣湾の魚を取って水俣病になったんだろうと思いましたよ。たっちゃんの『水俣病の民衆史』（日本評論社）には一本釣りで魚を取ったと書いてありますけど、それは長島さんも鹿児島県の長島姓だから長島生まれの、もともとは漁師だったから、一本漁はやっぱりお手のもんだったろうと思いますよね。お手のもんのそういう技術が、長島さんに結局チッソの中で劇薬ばかぶって重症を負い、さらにチッソが流した水銀で人生を終えた。誠に悲惨な人生だったと残念でなりませんね。

実は私たちはチッソのアセチレンからアセトアルデヒドに転化する時、触媒として水銀を使います。触媒には無機水銀だったんです。ご存じとは思いますが無機水銀は比重が13・55、つまり水の14倍。2リッターばかり入る鉄の容器は、抱えれば30キロありますよ、ずっしり重い。私たちも最初は、そのずっしり重い水銀がなぜ流れるんだと思いました。だからしてチッソは、公式に水俣病の原因が水銀だと分かったときに、なぜ無機水銀が有機水銀に変わるか、それが技術のチッソといわれているのに、なぜそこを見極めなかったのか、それが残念でなりませんね。

## チッソの労働者として

だからそこのところを見てみると、実は私たちは言うならば、人殺しの仲間ですよね。チッソで働いていてチッソで生活し、その給料で生活して、今もチッソで働いた時の年金で生活しています。しかし、我々は水俣病の殺人犯の、チッソの殺人犯の仲間と、心のうちでたまらないんですよ。私たちは健康だった。外見だけでは、普通の人と変わらんような水俣病患者の方は私にも分かりません。ただ、坂本しのぶさんみたいな胎児性患者の人たちを見れば、やっぱり心苦しくてたまりません。

私たちは、全面的に人殺しに加担し、チッソに加担してやったんじゃなくて、最初は水俣病患者とは働かんで、一緒に頑張らなかったって、後では「恥宣言」を出して、水俣病の人たちと一緒にチッソと闘った。それだけが慰めです。そういうことで、そこにしのぶさんがおられますけど、しのぶさん、本当にごめんなさい。もう、それだけが今日来れた私の思いです。そういうことでお粗末ですが、私の発表とさせていただきます。ご清聴ありがとうございました。

質問

**司会**　中村さんありがとうございました。中村さんはご自身でまとめられた『蟻のつぶやき』という本を出されております。中村さんの話の中で「たっちゃんの」って出てきましたけども、岡本達明さんの『水俣病の民衆史』全6巻で日本評論社から出ている本のことです。

**吉永理巳子**　中村さん、ほんとに貴重な話をありがとうございました。そして、当時のことを詳しく覚えてらっしゃるのにびっくりいたしました。父の遺影に、中村さんもご一緒に写ってくださってたということで、ほんとに申し訳なかったんですけども、よかったらですね、あの時の写真がどんな時の写真か、覚えてらっしゃいましたら教えていただければと思います。

**中村和博**　実は、チッソの中にですね、酢綿といいましたけども、チッソの場合は「ミナリット」といって、その製品は不燃フィルムでしたけど、フィルムの原料として「小西六フィルム」に送っていました。それが、酢メン酢酸を大量に使うわけです。その大量に使った酢酸の回収装置がオスマーという博士が考案した装置ですが、そのオスマー工場の改修工事に私たちは大矢さんと一緒に組んで仕事をしていました。だからその時の完成祝い。日時は残念ながら覚えていませんが、一緒に働いた大矢さんとの、その時の完成祝いの記念写真でした。

**生駒秀夫（水俣病患者）**　チッソで働いとったっということで、本当にご苦労さんでございました。正直にですね、皆さんが水銀を扱ってこうして、今、坂本しのぶさんに謝られた。こういうのをチッソ関係、チッソに働いてる方たちが、誰一人こうして頭を下げたことはないんです。私はそれで感激しました。本当にありがとうございました。

# 胎児性の方々の純粋さとともに

堀田　静穂

今は何もできないで、こんなところに出てくるような資格はないのですが、今も熱心に水俣病のことにこれだけたくさんの方が聞いてくださっているということは、とてもありがたく、お礼申し上げるばかりです。

私はもう二十数年前に水俣をたって、それ以降は自分の生活のために働いてきましたので、ちょっとこんなところに恥ずかしくて出てこれないですけどね。もう、水俣には頭も足も向けられないと水俣病患者互助会事務局の伊東紀美代さんにお答えしたんですが、「足も手も向けなくていいから」ということで、厚かましく伺いました。と言いますのが、私は3カ月だけ水俣に帰ってこようと思って戻ってきたものの、それから21年半、水俣で水俣病被害を受けられた人たちと一緒に生かしていただいたものですから、自分だけ生きて、何か宿題を忘れているような気持ちになっていたので、私が生きたその一端でも、お伝えすることができたらと思ってお伺いしました。今日は何をお話ししたらいいのか分からないで来たんです。あまりふさわしくなかったかななんて思いながら、まあそれこそ、とりとめもなくお話しすることになってしまうかもしれませんが、私が受けた水俣に住む方々のお姿と、私が受けた感銘深いところをお伝えできたらと思います。よろしくお願いします。

## 上村智子さんとのこと

私が最初に患者さんにお会いしたのは、水俣病裁判の第一回口頭弁論の日（1969年10月15日）でした。上村智子ちゃんが原告席から外へ出されてしまった場面で、ちょうど私はその場に立ち会うことになってしまいました。それは、何かうめくような声がうるさいと注意されたとかで、追い出されるように連れ出されていました。私は智子ちゃんの姿を、あの色白で細いけど、お顔を少しのぞけるように体を固くして上を向いた大きな瞳が印象的で、そこでつかまってしまいました。私はそれからずっと何年もの間、上村家をまるで自分の元家のように入り浸っていることが多かったんですけど、智子ちゃんからたくさんのことを学びました。私はその日のことを4年後の判決の日に、自分の目でしっかりと本当のことを知ることになりました。

判決の日、最初の口頭弁論の時と同じ原告席に智子ちゃんはお父さんに抱かれて出席していました。幸いに私もそこにお伴することができましたので、現場でそのことをはっきりと承知したのですけれども、智子ちゃんは自分の説明になった時、急に声を出し始めました。「あー、あー」とか、「うー、うー」とか、それはほんとにうめき声のような、しかし高かったり低かったりして、何かを語っているというような声でした。それは智子ちゃんの部分が終わるまでその声は続いていました。私はその時に思ったんです。あ、智子ちゃんは分かっていたんだ。自分のことだということで、きっと、口頭弁論の時もその声を出したんだということを知ることができました。智子ちゃんはものを言うことはもちろん、目もよく見えないのじゃないかと思われていましたし、周りのことがそんなによく分かるなんて誰も思ってなかったようですが、貴重な体験をしました。

ある時ＮＨＫの方が、智子ちゃんの声を聞きたいということで取材に見えました。ところがお母さんが「あのう、すみません。智子は話さんとですばい。せっかく来らしたばってん、すみませんなぁ」って言って、初めからお詫びしておられました。お母さんは、智子ちゃんの１回の食事に２時間以上かかっていました。お母さんが、智子ちゃんのために作った食事を丁寧に口に運んで、食事をするわけですけど、２時間以上かかるんですね。その時も、食事をさせながら応対されていたんですけれども、もちろん智子ちゃんは何も話しません。でもＮＨＫの方は粘って１時間ぐらいはいらしたんじゃないかと思うんですけど、それでも諦めてお戻りになりました。お母さんはすまなそうな顔で見送られました。「すんませんなぁ」て、何度も何度もおっしゃってました。あぁ、話せなかったんだって思ったんですが、その後、智子ちゃんを座敷にゴロンと寝せられましたので、私はその横に自分も寝そべって、智子ちゃんと話をしようと思い、「智ちゃん、今日は海のきれいかよ、海に行ってみれば楽しかろうね」って声をかけました。しばらくすると、智子ちゃんは手足をもごもごもごと、動かし始めました。そして声を出したんですね。それも何か本当に話をするような感じで「あー、あー、あー」と長く発音したり短く発音したりして、声を出し始めたんです。私は「え、智ちゃん、あんたも話してくるっとね！」と言って、智子ちゃんの顔を覗き込みました。そしたらほんとに30分近くでしょう

堀田静穂さん
（写真：水俣学研究センター）

か、それ以上だったかもしれません。もうずっと、私が間で相づちを打つことのできないくらい、ほんとに見とれるままで聞いていました。だから、私はその時はっきり分かったんです。あ、智子ちゃんは私たちの想像できないこと、いろんなことを承知している人なんだなぁと。

それはお母さんやお父さんがお話しくださる中でも分かったことですけれども、智子ちゃんが寝ている家の近くでおじいちゃんやお父さんの足音や物音が聞こえると、智子ちゃんはすっごく喜んで、きゃっきゃと喜ばれるんだそうです。そして不思議なことにお掃除のほうきの音が好きなようで、座敷を掃き出すと「きゃっきゃ、きゃっきゃ」と言って喜ぶというお話をしてくださいました。そういうふうにきゃっきゃと喜ばれることはあっても、自分では何もできないし、楽しいこともないだろうと思ってしまいがちですが、実際には周りのことを承知しながら、智子ちゃんの世界を生きているんだなということを知ることができました。

## 「胎児性水俣病」という言葉

私が後に、湯之児のリハビリテーションセンターに勤務しながら、2階の特別室で生活している、いわゆる胎児性といわれる方々のお部屋に通うようになった時に、智子ちゃんのこの状態は私にとってすごく大きなカギでしたし、おかげで皆さんとつながり合うことができました。私はあえて「胎児性」と呼びましたけども、私にとって「胎児性水俣病」という名前ほど嫌なものはありません。まだ世の光も受けない時に被害を受けて、全ての自由と全ての動き、それからいろんな活動、それら全部を奪い取られ、さらに人間の尊厳まで奪い取られたその状態は決して「胎児性水俣病」なんていう言葉で呼ばれるべきものじゃないとずっと思っていました。だからあえてここで、ちょっと引っかかりながら言わせていただきます。

智子ちゃんは、いろんな時に私に深いヒントをくださった人ですけれども、20歳になった半年後に亡くなられました。その時にお母さんがおっしゃったんです。「智子はな、みんなの害を受けるものを自分でぜーんぶ受け取ってくれたんで、後の子どもたちには害が及ばなかったんだ。そして、自分の体もこれくらいで済んだんだ」。智子ちゃんが亡くなった後のこと、亡くなったときのことをお聞きした時も、お母さんはこうおっしゃいました。「この子はな、今から妹たちが、嫁にいかんばいかん。そげん時のきたとき、自分がおれば迷惑のかかると思うて、逝ったっばい」と。声が出ませんでした。智子ちゃんがどういうふうに考えていたかをはっきりとは知ることはできませんが、お母さんが言われたその言葉は非常に重く重く感じました。ひとつ年下の妹さんから6人の妹さん、弟さんたちがいらっしゃいますので、お母さんのこの言葉は非常に重く感じたものでした。私は智子ちゃんの家に入り浸って、よく小さい妹さんたちとも遊びましたが、一番下の妹さんは当時2歳でした。その2歳の妹さんが智子ちゃんにお芋を食べさせるのに「もっちゃん、べんば！べんば！」。食べるなんて言葉が出ない時から、智子ちゃんにお芋を食べさせてくれていました。きょうだいみんな智子ちゃんを中心に生活しておられましたので、その一人一人の生き方もとっても美しいものでした。

湯之児病院での出会い

私はその後、湯之児病院に勤務して、また、あの同じ被害を受けた人たちに会えました。あの時、6人か7人、同じ部屋にいらしたと思うんです。私は勤務が終わったら何も他にすることがないわけです。必ずその部屋に行って、1時間ぐらい遊んで帰るでしょ。そこでも、自分自身は何もできないような状態に置かれた人たちが、他の人たちのためにどんなに気遣っているかを見せてもらいました。

そうですね、一番何も分からないと思われたのは、田浦から来ている男のお子さんでした。みんなちょうど、12～13歳の中学生になるくらいの年齢でしたので、だいたい昭和31、32（1956、57）年、あるいは30年生まれ。一人、石牟礼さんの『苦海浄土』に出てくる、杢太郎君は28年生まれですから、昭和28年生まれの彼らと一緒に住んでたんですね。その田浦からの彼は、ただ、自分のほっぺたを左手で叩きながら、右の親指を自分の口の中に入れたり出したり、その自傷行為だけが私たちに分かるだけの人でした。

そして茂道からも何人かみえてましたけれども、茂道から来ていた、そうですね、「さーちゃん」とでも呼んでおきましょうか。さーちゃんは黙って何をするわけでもなく、ゴロゴロと寝かされているだけの人でしたが、ただ夕方から夜にかけて大きい声で泣くんだそうです。「わーわー、わーわー」声を出すと、湯堂から来ているすーちゃんがやってきて「泣かんとばい。泣かんとばい」と言って、自分の箪笥というか、一つのケースの中からお菓子を持ってきてさーちゃんにあげるんですって。そうすると泣きやむんですね。それは、さーちゃんが気持ちいいから泣くのじゃなく、むしろ、誰かに会いたい。ちょうど幼い子が夕方泣くというあの現象かもしれませんが、とても悲しいわけですね。そこへすーちゃんが来て「こっぱ（これを）食べて泣かんとばい」というように。彼女も言葉は出ないんです。ほとんど出ない、少しだけ言葉が出てくるだけで、私たちとはコンタクトがとれません。だから元気な者からは、何も言えない、何も考えない人たちだと思われてしまうような状態だったわけです。すーちゃんはそんな状態でした。

そしてさーちゃんはなぜか「星影のワルツ」が大好きです。人が歌っても喜びますが、一緒に歌うんです。言葉は出ない、お話しする言葉は出ないのに「星影のワルツ」は言葉が所々に出てきて、一緒に歌うんですね。それがすごく不思議な感じがしましたけど、とても楽しそうな顔で歌いますので、すーちゃんもそんなさーちゃんに戻したかったのかもしれません。とても優しく接していました。

それから茂道から来ているちーちゃんがいました。彼女はほんとに寝たきりで、何もできないので、一段高いベッドに一日中寝かせられていましたけれども、彼女は大きな目で、面長で上村智子ちゃんのようにやはり美少女でした。美しい顔立ちのちーちゃんはみんなを見回しながら、みんなが何を考えているか、気配りをする人でした。そして、お世話をするおばさんたちが気付かなくても、ちーちゃんはすぐ、あの人が何かしたがってる、あの人が困ってる、あの人が今大変なことをしている、というようなことを、手が自由に動くわけではないのに、曲がったままの固くなった体を動かしながら、教えてくれるんですね。それから何年かたって、水俣市立明水園（１９７２年12月開所した水俣病認定患者のための療養施設）にみんな移されたわけですけど、明水園ではみんなが顔を集めて、指導員の先生が「今度はなんばすっとね」って言ってよく集まりをしておられました。ある時「今度の遊戯会は誰が司会すっとね」と言ったら、「はい！　はい！　はい！」って、ちーちゃんが手を挙げて。お話しできないです。声も、上手く言葉が出るわけではない。それなのに自分がすると申し出たんですね。それは彼女の普段のリーダーシップのようなもので、すごく感激しました。

そういう人たちが2階の特別室で生活していました。その中に後々、自分で写真を撮りまくるゆう君とか、今も一生懸命活動してる杢太郎君とか、そういう人たちがいたんですね。そこで私は上手く聞き取れるところと、ほとんど聞き取れないところとを交えながらも、この人たちに出会い一緒に過ごすことがすごく楽しくて2階の病室に通っていました。それが、私が水俣に来たばかりのころの2、3年間の仕事でした。

## 移動診療所のはじまり

私は契約の職員でしたから、水俣リハビリテーション病院を辞めた後に、東京の島田療育園という心身障害児の施設に行きました。というのは、これだけの障害を持ちながら生きようとしている人たちが、どうやったら生きていけるのか。施設にだけ閉じ込められるのは、私にとってはとても許しがたいことだと思っていましたので、どうすればいいのか学びたくて出掛けました。2年ちょっと勤務しましたが、そこは日本で初めてつくられた重度障害児の施設でしたので、いろんなことを見せられました。

ちょうどそのころ、川本輝夫さんたちがチッソに直接交渉に来られた時期でしたので、私も時々そこへ通わせていただく中で、医療者の集まりができ始めました。そして医師やその他の医療者が集まって、水俣にどんな医療が必要なのかとか、どうしたら自分たちは関われるのかとか熱心に話をしてもらいました。で、病院を建てようという考えになったそうです。私にとってそれはとても許しがたいことでした。水俣には個人病院ではありますけど、いくつも病院はあります。でも、本当に病院を建てることが被害を受けた人たちにとって大事なことなのか。言ってみれば、医療は大事なことですから、大事だと言えるかもしれません。しかし、私が見せていただいた水俣の人たちは、苦しい状態の中で必死に病院に通われます。しかしちっとも効果が上がりません。ただ長いこと点滴を受けて、腕が腫れ上がるように注射しても少しも治っていません。その人たちに対して、30分、1時間待ってほんの数分しか先生が会ってくれないような治療や医療が行われたってなんにもならないと思っていたからです。

それで私は反対しました。むしろ医療者や医師が患者さんの所に出掛けてください。検査をするにしても治療をするにしても、暗い部屋で、なにもできなくて寝ているだけの人の所に行ってくださいい。そういう医療が必要じゃないんでしょうか、水俣は。今では介護保険で訪問診療なんかありますが、そういうことは考えられもしなかったようです。でも私はそう主張しました。それから、何人かの方がそれを受けてくださって、「水俣に移動診療所を」という運動の事務局が置かれることになりました。で、水俣を一番分かっているからということで、私がその事務所に帰ってくることになりました。それが私たちが始めた移動診療所の始まりでした。足掛け6年くらい、いろんなことをやりました。

大きな車を用意されましたが、看護婦の私、薬剤師である遠藤さん、それから鍼治療の勉強をしておられた近沢さんの3人がスタッフでしたから、何も医療が本格的にできるわけではありません。私はむしろ、被害はどこまで及んでいるかということについてもっと知りたいと思いましたので、先生たちにお願いして、「申請したいけど病院に行けない人たちがいっぱいいるから、診察してください。申請書を書きます」と言って、あちこち引っ張り回しました。鹿児島県の長島や獅子島の湯ノ口などの集落を回ったり、御所浦に行ったり、北の方では田浦の方、女島の方まで先生方を引っ張って行きました。そして水俣に何かあるかなって来られた先生を引っ張って行って、診察することから始めさせてもらいました。それで、ひと集落全部の調査を72年の調査とすることができましたし、獅子島の湯ノ口集落は全調査をさせてもらいました。そんなことを始めたのが移動診療所でした。

## 人間の根本にある霊性の高さ

私たちは「何かをできる」というほど力はありません。ただ、何かをしなきゃいけないんじゃないか、何をしたらいいのか、それを探しに行きたいという気持ちだけで動きました。だから、どこへ連れて行かれるか分からない、それでいて、私の言うことを聞かなきゃいけないから「堀田さんは、ぜげんじゃ」と言う先生がありました。「ぜげんってなんね」って先生にお聞きしました。遊女を売る仕事だそうですね。私はそう呼ばれながら、先生方を連れ回しました。でも、思ったように事が運ぶことはなくて、6年くらいして、私自身もできなくなりましたので、移動診療所を閉じました。

それからは1人でできるだけどんな人がどんな状態でいらっしゃるかを知りたいと思って、バイクで回りました。運動音痴の私がバイクに乗ってますと、東京の事務局のある人は、「陸運局の間違いじゃ」と言いました。大きな事故こそ起こしませんでしたけれども、ろくな運転はしてないと、現地から報告があったようで、そういうふうに言われましたけれども、バイクに乗りながら獅子島から、出水の米ノ津、出水の向こうのもっと南の方まで一人一人お訪ねするのが私の仕事でした。

それもしばらくして私自身のことでできなくなりましたので、ただ必要とする人の所に行って一緒に状態を見せてもらうということから手を出し、楽になってもらうことは何かないかという模索を始めていました。そして、振り返ったらもう20年以上たっていました。それが私の生活です。

その中で私はなぜこんなに水俣に、水俣の若い人たちにひかれていたのかなと、今考えますと、私が一番受けていたのは彼らのスピリチュアルな部分だったと思います。智子ちゃんにしても、ちーちゃんにしても、杢太郎君にしても、純粋にほんと人間の根本にある、なんか霊性の高さというのを見せられたように今感じています。何かお役に立つことができたら幸いですが、とりとめもなくお話をさせていただきました。ありがとうございました。

# 私の中の水俣病一九六〇年代

梅田　卓治

こんにちは。「水俣芦北公害研究サークル」というサークルに入っていて、現役の教員をやっています。今日は限られた時間ですので、前置きは簡単に済ませて、さっそくお話をします。

まず自分のことを簡単に紹介しないといけないと思うんですけども、僕は、チッソ従業員の長男として１９５８年２月に生まれました。父親は朝鮮引き揚げです。興南工場にじいちゃんに連れられていって、終戦の翌年に命からがら日本に帰ってきたということなので、本当にもし戦争で亡くなっていたら、私もこの世には存在しないわけですね。チッソの工員を父親として生まれましたので、僕自身のいわゆる小学校、中学校とずっと入ってくる情報というのは、まさにチッソ側の情報でした。

## チッソの爆音とサイレン

心に強く残っている話は、まず１９６０年代といってもまだ60年は、２歳ちょっとなんですね。学校に入る前のことです。山手町といってチッソの正門の真正面に今、おれんじ鉄道の水俣駅があります。かつてのＪＲ鹿児島本線の水俣駅ですね。その奥の方に自動車学校があって、そのもっと奥の方に新地山という山があるんです。そこの中腹に自宅があります。２階に寝泊まりをしていたんですけど、窓を開けるとちょうどチッソが正面に見えるわけですね。毎晩のようにいわゆる、あれはアセチレンガスを燃やしておられたのかどうかと思うんですけど、メラメラした炎がみえるんですね。本当に毎晩火事を見ながら暮らしてるようで、子ども心に怖いという思いがありました。それと爆音ですね。ときどきバーンという爆発音が聞こえてくるんです。小高い丘ですからちょうど音も上がってくる。近所の人はほとんどチッソの関連というか従業員の方でしたので、うちの父ちゃん大丈夫だろうかと大騒ぎし始めるんですね。そういうイメージをずっと小さいころに持っているんです。また始業のサイレンや3交代の切り替えの8時や4時、それからお昼のサイレンがウーと鳴ると、まあサイレンってあまり気持ちのいいものじゃないですよね。僕は戦争経験者じゃありませんので、空襲警報とかそんなのは知りませんけど、サイレンの響きというのは、とてもなんかこう物悲しいというか、胸が締め付けられるような思いがあり、小さいころは、爆音、サイレン、炎ということで、チッソに対して怖いというイメージを持っていました。

梅田卓治さん
（写真：水俣学研究センター）

## 安賃闘争と地域の対立

安賃闘争（チッソにおける安定賃金制度導入に反対した大規模労働争議）の話に移ります。

１９６２年、昭和37年からおよそ1年ほど、安賃闘争がありました。先ほどの中村和博さんと違って、私の父親は残念ながら、兄がいて、それから父の親友の方から強く誘われて第2組合に入ります。その結果、今でも子ども心に覚えているんですけど、先ほど言った2階から階段を下りて1階の途中に三角窓があるんですよ。玄関をドンドンドンとたくさんの方が「父親を出せ！」とか「梅田を出せ！」と、家に来られて、玄関の大きなガラガラドアを開けると赤旗をたてた第1組合の方がいっぱい立っておられて、父親にいろいろ言っているんですよ。「お前は、裏切り者だ！」みたいなことを糾弾されているわけですね。その場面を三角窓から見ながら子どもながらに、ああ、怖い人たちなんだっていう思いもありました。

今、M's シティというショッピングセンターが国道3号沿いにありますけども、そこらへんに第2組合の事務所がありました。そこから、チッソの正門に向かって、旧国道3号、駅通りの方ですが、第2組合の社員の方たちが隊列を組んでずっと歩いていくわけです。そして正門前に座り込みをされている第1組合の方たちの間を1人ずつ罵声を浴びせられながら入っていくわけですね。私は先ほど言ったように、第2組合の父親の子どもでしたから、第2組合の人たちと一緒に歩いて行き、「お父さん頑張ってきて」と言いながら送り出す。まだ小学校に上がる前でしたがその記憶が強く残っているんですね。

このころです。仲良くしていた近所同士が一切口をきかなくなります。父親と母親の結婚式のアルバムを見ると、それこそ昔ですから近所の人たちがみんな集まってどんちゃん騒ぎしている。座敷のところで宴会をしている写真があるんですよ。隣のおじちゃん、おばちゃんたちなんですね。ところが隣は第1組合、うちは第2組合ということで、「大根がいっぱい採れたけん食べんね」というやり取りをしていた付き合いが一切なくなって、ものも言葉も交わしません。挨拶ももちろんしません。そして親同士が、「あそこの子と遊ぶな」「第1組合の子と遊ぶな」というものですから、子ども社会の中に親の対立が、入り込んでいきました。

### 陣内社宅での出来事

陣内社宅（チッソの管理職社員用の社宅）での出来事に話を移します。僕は生まれたてのころに湯たんぽがなくて、一升瓶のなかにお湯を入れて栓をして、毛布に包んで、抱かせてあったそうなんですよ。そしたらその栓が抜けたみたいで、お湯がこぼれて体が水浸しになって、小さい赤ん坊のときに、気管支を悪くしたそうです。結果、とても病弱にというか、今でこそこんな頑丈に見える体ですが、病弱で宮竹医院というところに毎日お尻に注射を打ちに行っていたような子どもなんです。チッソの近くにある山手町の家は煙もきてたし、環境に悪いということで、母の実家のある南福寺、今は水俣高校が統合されて、校舎ももう廃屋になりましたけども、中尾山というテレビ中継塔があるところがありました。その中腹に母の実家があり、まぁ煙もこないし、田舎でとても空気がいいということで疎開をするようになりました。

そこから水俣の第一小学校に通います。坂本しのぶさんは、僕と同じ1964年に小学校1年生入学ですよね。ちょうど東京オリンピックの年です。小学校1年生で通学路が水俣の市立病院のある側、湯出川の土手を通って学校に行くようなルールがあったわけですね。にもかかわらず、僕は毎日、水俣川の陣内社宅のある側を帰っていました。それはなぜかというと、陣内社宅にクラスメイトがいてそこに寄ると、今まで食べたことのないようなおやつが出てくるんですね。南福寺のこの時分のおやつといったら、それこそ山に行って、サセッポというリンゴの味のするようなものを食べたり、山桃を食べたり、自然のものをおやつにしたり、もしくは唐芋を煮たものとか…。もう唐芋の天ぷらだったらぜいたくなおやつだったんですけど。そういう中で、陣内社宅に寄ると洋菓子が出てくるわけです。クッキーとかケーキとかですね。それ目当てで友達の家に寄ってました。

また、部課長以上の立派な屋敷には裏庭もついて芝生があってネットが張ってあってゴルフのスイングの練習ボールがはぐれて草むらとかに落ちているんですよね。落ちているもんだってことで自分のものにして持って帰るわけです。まあゴムボールみたいなびっくりボールという当時流行ったのがありますけど、そういうおもちゃ代わりに拾っていました。そういうことを目当てに、陣内社宅を通って帰っていました。

ただ、クラスメイトのほとんどが転校生で、父親が東京本社に帰るからということで、たくさん送り出しました。お別れ会というのをクラスの中でだいぶんやりました。

豚肉事件

その陣内社宅にからんで、「豚肉事件」というのがあります。父親に関わる話をするので、嘘を言っちゃいかんと思って、一昨日父親の所へ、確認に行ったんですよ。実は自分の父親がいた課の部下で、茂川というところに、会社に勤めながら自身も、実家でも養豚とか畜産をされている方がおられました。その方が、いつもお世話になっているからと、うちの父親に豚をつぶしてその豚肉を届けてくださったんです。ただし格好は作業着のままで返り血を浴びて、それこそ真っ赤、茶色になった作業着で持ってこられました。

ただ僕の場合は、興南（朝鮮窒素興南工場）に行ったというじいちゃんが足が不自由でしたので、チッソを若年退職しているんですね。それで父親が自分の両親とそれから僕ら家族を養わないといかんということで、非常に貧しい暮らしでした。カレーが大好きで、「お母さん、カレー作って」って言うと、「うん、分かった。じゃあハムカレー作ってやるから」と言いながら、ハムの中身は魚肉ソーセージが入っているんですね。それも当時グリコワンタッチカレーというサラサラの今はスープカレーというのがありますが、当時もう本当にルーを切り詰めて切り詰めて薄くして、皆に食えるようにして作ってくれる。そういう状態でしたので、豚をつぶして持ってこられたときに、もう飛び上がらんばかりにうれしかった。「ヤッター！　豚カツだ」って。

ところが、その配られた日の夕方だったと思うんですけど、その方がまたうちに来て、作業着のままワンワン男泣きをしながら、父親に向かっていっているんですね。子ども心になんであの大人のおじちゃん泣いたんだろうって思ったので父親に尋ねました。そしたら、やはり自分の課のもっと上、父親よりもっと上の陣内社宅の方にお世話になってたから、うちと同じように新聞に包んだ肉を届けたそうなんです。他にもいろいろ届けて回って、また先ほど、届けた家の横を通ったときに、裏のバケツに新聞に包んだ状態でその届けた肉をそっくり捨てておられる姿を見たと。自分が大事に育てている豚をつぶして、お世話になっているからと届けたのに。確かに自分も返り血を浴び汚らしい姿だったけれども、陣内社宅におられるような上流の方だったから、余計汚く見えたんでしょうけども。それで肉を捨てておられた。それが悔しいと言って、泣いておられたのが、強く残っています。

同じチッソでもですね、父親みたいに下っ端な人と上流の課長、部長、工場長とかそういった方たちの生活というのは全く違っただろうし、同じチッソと一くくりにしてもいけないんじゃないかなって、いろんな立場の人がいたんじゃないかなっていう思いがあります。だからといって、今、父親をかばおうと思って言ってるんじゃありません。原因企業としましては、当然責任をいっぱい持つべき立場だと思っています。

## 特殊学級の子どもたち

時間がなくなりますので次に移ります。「特殊学級の子どもたち」についてです。水俣の第一小学校は、当時、1学年300人いました。7クラスですね。ですから全校生徒が1800人です。同じ学年でも名前と顔が全然一致しないような人がウジャウジャいるんですね。まあそういった中で、自分の心の中に強く残っているのが二つあるんですね。一つは、「トイレのゲタ」事件です。今ほっとはうすにいる金子雄二さんは、1955年生まれですので、僕よりも二つ先輩の昭和30年生まれです。彼は背がスラっとして、今は車イスですけど、当時は自力で歩いていました。ただしつま先がこう突っ張るような感じなので、当時のトイレのゲタというのはスッと入らないわけですよね。僕は正直言うと怖かったんです。今は学校現場では「特別支援学級」といって、支援を要する方たちの特別な学級ですけども、当時は「特殊学級」といって、それこそ学校の先生も「お前たちは勉強せんなら特殊学級にやるぞ」みたいに人が見下すような時代でした。特殊学級の人たちは、何かしら足りないみたいな気持ちが刷り込まれている。しかも僕らと歩き方も違う、しゃべり方も違うということで、非常に怖いというイメージを持っていたんですね。にも関わらず、トイレで困っている金子さんを見たときに、僕はなぜか、自分の中で何がそうさせたのか今でも分からないですけど、走って行って、金子さんの足にゲタを突っ込んでピューッと逃げた記憶があるんですよ。

本人に「それ覚えてる？」と聞いたら「いや、全然覚えとらん」と言うんですけど、僕の中では、金子さんがトイレに行こうとしているけどゲタがうまく入れられず困っている、どうにかしなければと思って、足に突っ込んだ後にダーッと逃げたという記憶があります。

もう一つ。１８００人の全校朝会を、毎週月曜日にやっていました。今、目の前に座っている坂本しのぶさんがやはり月曜日が来るのが一番嫌だったそうです。理由の一つに、特殊学級の生徒さんも１８００人の中で並ばないといけないわけです。そうすると健常な生徒たちは特殊学級の生徒たちに向かって、露骨に「気持ち悪い」とか言う人もいたらしいし、冷ややかな目で見る。そういう目に晒されるのがとても辛かったから月曜日が来るのが嫌だったっていう話をされる。僕は幸いにもという言い方は変だけれども、露骨に言ったことないけど、先ほど言ったように正直怖い、気持ち悪いっていう思いを持っていました。小学校の時にですね。ですからやっぱり自分の中にはそういう差別の意識というのが、子どもはやっぱりシビアですからあったんだなと思います。

胎児性水俣病の患者さんとしての認識はありませんでした。水俣病という言葉を知ったのが中学生になってからです。４大公害として教科書に載り出したのが中学3年生ぐらいからで、公害認定は１９６8年ですから昭和43年、これは5年生の時です。もう公害認定されているはずなんですけど、教科書には水俣病という記述はないですよね。そして水俣病のことを取り上げた授業を受けた記憶も全くありません。まあタブーというか、この水俣で水俣病を取り上げるというのはよほどの、確信と何か自信と、「これだったら大丈夫だ」という思いがないと先生たちもできなかったのかなと思います。そういう中で育ちましたので、自分自身は本当にチッソ側の強い結び付きというか、入ってくる情報も全く真逆で、患者さんのことは少しも分からない、そういう60年代を過ごしたかなと思います。

今日は60年代ということでしたので、この後、本当は70年代、80年代、そして自分自身が教員になってどんどん目から鱗が落ちていくんですが、限られた時間ですのでこれくらいで終わりたいと思います。本当にご清聴ありがとうございました。

質問

**松下** 出水から来た松下と申します。第一小学校は町中にあり、近くにチッソの社宅がありました。チッソで働く親を持つお子さんたちが多く通っていた学校で、胎児性水俣病の方とも学校が一緒だったと伺いました。親が水俣病患者だった場合に子どもは、朝起きて学校に行ったり自分のことができなかったり、親が入院していたり、他の子どもについて熊本の大学に付き添いに行ったりします。それで、朝起きて髪も乱れ、自分のことは考えないで学校に行って、担任によって遅れてきた子どもが、バケツを持って立たされたという話を聞いたことがあります。そういう時の学校の先生の対応というのを教えてください。

**梅田卓治** 今おっしゃったことに近い話では、下田綾子さんの話があります。僕も袋小学校に勤めた時に、下田綾子さんの娘さんの担任をして話をききました。次女の田中静子さんと3女の実子さんが倒れられたので、親の方はいろんな看病であったり病院につめておられた。結局、長女の綾子さんが一生懸命、弟のご飯を食べさせたり、洗濯物をしたりして、学校へ行くといつも遅刻をしていたそうです。そういう事情をちっとも汲み取ってもらえずに「お前立っとけ」とか、または「グラウンド走れ」とか言われて、さらしもんになって、みんなから本当に差別を受けたと。「だから私は学校と学校の先生とがずっと大嫌いだった」というお話を、僕は綾子さんの娘さんを担任したことあるもんですから。それから一番下の弟さんの娘さんも担任したことがあるので、そういうお話を直接聞いたことがあるんです。

ただ先ほども言ったように僕自身が子どものころ、しのぶさんはちょっと違うのかもしれない、彼女に聞けば違うのかもしれないけど、水俣病の患者さんは確かに特殊学級の中にいたんですよね。だからと言って水俣病のことでその方たちを何か差別をしたというか、そういう情報は僕自身は全く知らないです。

ただ、しのぶさんが今の中学生と交流する時よく言われるのが、１年生のころまでは文字とか計算、読み書きをちゃんと教えてもらったんだけど、２年生になってからは「あんたたちに教えてもどうせ同じ」と当時の教員が言ったそうです。そして「テレビを観とけ」とか、積み木をあてがって「積み木で遊んどけ」とか、それこそ「放置」状態におかれた。これはもう、差別ですよね。そういうことがあったというお話はよくされるんです。

ただ、７クラスある通常学級中に患者さんがいるわけでもないし、先ほど言ったように集会では会うものの、当時は今と違って交流授業というものは全くありません。今は支援学級の生徒さんと、通常学級の生徒さんは必ず交流するようになっています。でもそういうのがない時代ですから、関わらなければ関わらなくて済むというか、あっても無視してよそ向いとけばしゃべる必要もないという、そういう時代でした。しのぶさん、どんなですかね？　水俣病だけんと言ってから、なんか先生がどうのこうのした、されたことありますか？　急にふって悪いけど。

**坂本しのぶ**　ありませんでした。

梅田卓治　ありませんでした、ね。まあ特殊学級の先生の先ほどの「あんたたちに教えても同じ」というのはもうとんでもないことなのですが、それも内輪でよそに知られないという思いがあってあえて言われたのかもしれんけど、露骨にやはり他の通常学級の先生たちがそれを言うというのも恐らくなかったんじゃないかなと思う。そこまで言ったら大変ですね。
どうなるか分からんっていうかですね。知られたらですね。すみません、答えになってないと思います。

第２部　水俣病をめぐる今日の課題

# 水俣病の補償・救済制度の限界
## ～水俣病未解決がもたらすもの～

田尻　雅美

水俣病事件は、水俣の漁村地区で原因不明の疾患が多発し、１９５６（昭和31）年5月１日に水俣保健所に届けられた日が公式確認とされている。現在でも、実際には、最初に水俣病がいつ発症したかは明らかになっていない。公式に確認されてから、60年も前からの出来事であり、世間の多くからは、解決済みと思われている公害水俣病である。しかし、現在も、水俣病は未解決であり、さまざまな問題が残されている。２０１６年2月末現在、水俣病の行政認定を求めている方々は、熊本県で１２３４人[i]、鹿児島県で８１８人[ii]が認定申請中で未処分である。また、司法においても水俣病の解決を求めている方々もいる。そして水俣病が未解決であるが上にすでに水俣病と認定された患者たちは、さまざまな問題を抱えているのだが、補償を受けたことで解決済みの問題であることと思われている。

よく知られているように水俣病に関わる補償・救済制度は一種類ではなく多様である。それは、行政・原因企業が責任を認めないままにその場しのぎの救済策でごまかして来た結果であり、その一つ一つは巨悪に屈しない患者たちの闘いによって得てきているものである。しかし、複数ある水俣病に関わる補償・救済制度の違いは、多くの被害者たちにとって、十分に理解できないことにもつながっている。と同時に、その他の多くの人から水俣病は手厚く保護されているのではないかという誤解を招いているのである。そもそも、その経緯や制度がどのようになっているのか、全体像を分かっている人は行政関係者や患者運動の支援者等、一部しかいないのではないかと思われる。

そこでまず、最初に水俣病に関わる補償・救済制度について説明したい。

## 1．発生当初「奇病・伝染病」としての救済措置

水俣病患者の救済措置に関していえば、これまで種々の対策が取られてきているが、どれも医学・医療的な面に重きを置かれてきた。初期にとられた救済措置は、1956年7月、伝染病「擬似日本脳炎」として市の伝染病舎に患者を収容することによって医療費を公費で負担することから始まった。同年8月、熊本大学では医療費負担がない学用患者として入院させるなど医療費負担の軽減が施された。しかし、原因不明の病気であった奇病時代に伝染病による措置をとったため、被害者たちは伝染病を恐れる近所や親戚などから忌み嫌われる存在となってしまった。その後、患者家族たちの交渉によって1959年12月30日「見舞金契約」がチッソと患者の間で結ばれ、低額な金銭給付（死者30万円、成人10万円／年、未成年者3万円／年、葬祭料2万円）が行われた。そのことにより水俣病は解決されたと世間一般へ印象を与え、1968年9月、公害と認められるまで放置されることとなった。

## 2．法律による補償―公害「水俣病」―

水俣病の公式確認から12年を過ぎた1968（昭和43）年5月、チッソは水俣病の原因となるアセトアルデヒドの製造を中止した。それを待ったかのようにした同年9月、国は水俣病をチッソの廃水を原因とする公害と認めた。当時、全国で公害が社会問題となっていたこともあり、法律による補償・救済措置が始まった。1969（昭和44）年12月に「公害に係る健康被害の救済に関する特別措置法」が公布され、健康被害に対して医療費を中心とした救済を行うことを目的とし、翌1970年2月1日施行された。そして、1973（昭和48）年10月「公害健康被害の補償等に関する法律」が施行され、「健康被害に係る損害を填補するための補償並びに被害者の福祉に必要な事業」が含まれることとなった。

水俣病の被害者たちは、公害と認められるとチッソへ交渉をするのだが、なかなか進展せず、1969年6月、チッソの加害責任を明確にするため熊本地裁に訴訟を提訴した。1973年3月20日の判決でチッソ加害責任が明らかになり、同年7月、患者たちのチッソとの直接交渉によって「補償協定」が締結され、訴訟の原告以外であっても、その後、法律によって認定された患者に適用されるようになった。（表1）

## 3．総合対策医療事業・水俣病被害者特別措置法による救済―救済による責任放置―

一方、1977（昭和52）年の判断条件（環境保健部長通知「後天性水俣病の判断条件について」）という狭隘（きょうあい）な認定基準の下で認定されない患者が増加し続け、行政との交渉や訴訟というかたちで患者たちの被害補償を求める運動が継続した結果、政府は水俣病とは認めず、責任の所在を

表１　チッソとの補償協定等による認定患者への補償内容　2013年

チッソが直接負担　（単位＝円）

| 内容／ランク | | A | B | C |
|---|---|---|---|---|
| 慰謝料 | | 1,800万 | 1,700万 | 1,600万 |
| 特別調整手当 | 月額 | 169,000 | 90,000 | 68,000 |
| 医療手当（治療費） | 通院 | 24,800 | | |
| | 入院 | 24,800～35,700 | | |
| 医療費（治療費） | | チッソが全額負担 | | |
| 介護費 | | 46,400 | | |
| 葬祭料 | | 537,000 | | |

患者医療生活保障基金　（単位＝円）

| 内容／ランク | A | B | C |
|---|---|---|---|
| おむつ手当 | 10,000 | | |
| 介添手当 | 23,200 | | |
| 香典 | 100,000 | | |
| 胎児性患者就学援助金（1980年当時） | 小学生 | 50,300／年 | |
| | 中学生 | 74,100／年 | |
| 温泉治療費 | 無料券32回分<br>宿泊無料券４回分 | | |
| | 家族無料券 | | 家族半額券 |
| 鍼灸治療費 | はり、きゅう施術利用証が必要 | | |
| マッサージ治療費 | １回1,000、25回／年（1981年） | | |
| 通院のための交通費 | 270～600 | | |
| その他必要な費用 | | | |

出典）平成24年４月２日ミカコ第１号　チッソ株式会社水俣本部　本部長　木庭竜一「医療手当および介護費の額の改定について（ご報告）」、平成７年熊本県「水俣病問答集」より作成

認めないまま、１９９５年、政治的解決策として救済策をまとめ、１９９６年より「水俣病総合対策医療事業」[ⅲ]による「医療手帳」、「保健手帳」の（表2）交付を開始した。これが最終解決策とうたわれたため、認定申請をしている人々もこの和解にのったのである。

２００４年10月、チッソ水俣病関西訴訟最高裁判決で国・県の責任が明確になり、その後再び認定申請者が急増するとともに被害者の運動が広がったため、２００６年、先の打ち切っていた「水俣病総合対策医療事業」を拡充し、「新保健手帳」の交付による医療救済措置を再開した。水俣病の被害者、支援者たちは、今度こそ水俣病の認定基準が見直され、被害者たちすべてが救済されるのではないかと期待した。しかし、その期待はみごとに裏切られ、責任を認めないまま、さらに水俣病と認めないままの救済措置をとったのである。それは「水俣病被害者の救済及び水俣病問題の解決に関する特別措置法」に基づく「水俣病被

表２　給付内容（医療手帳・保健手帳）

| 給付内容 | 医療手帳 | | 保健手帳 |
|---|---|---|---|
| 一時金 | 260万円 | | なし |
| 年金 | なし | | なし |
| 療養手当入院 | 23,500円 | | なし |
| 療養手当通院 | 70歳以上21,200円 | ＊外来通院月１回以上 | なし |
| | 70歳未満17,200円 | | |
| 療養費 | 自己負担分を国・県が負担 | | ＊自己負担分を国・県が負担 |
| 針・灸治療費／療養費 | 月額7,500円以内で国・県が負担（回数制限１回当りの上限廃止）温泉療養費が追加 | | ＊月額7,500円以内で国・県が負担（回数制限１回当りの上限廃止） |
| 温泉治療券 | | | |
| その他 | 介護費用（医療系サービス）の自己負担分 | | 介護費用（医療系サービス）の自己負担分 |
| | ＊2004年水俣病関西訴訟最高裁判決で国・県の責任が明確になった後、平成17年より拡充。 | | |

出典）水俣病問答集、利用の手引きから筆者作成

害者手帳」（表３）の交付申請が２０１０年５月１日から２０１２年７月末の間に行われただけであった。

これらのほかに、関西訴訟及び熊本水俣病二次訴訟において損害賠償認容判決が確定した原告に対して、医療費（自己負担分）等の支給を国が行う手帳、公健法による認定申請をし１年以上経過した者へ認定申請者治療研究事業による「認定申請者医療手帳」がある。

このように、水俣病の被害者は、同じく水俣病に特有の症状を有し医学的には水俣病と診断される者であっても、公害被害補償体系ならびに種々の救済制度により、補償給付や医療・介護給付に違いがある。しかも、内容は１９７３年の補償協定による一時金および年金の支払いを別にすれば、医療的給付が中心であり、生活を支える視点に欠けているといわざるを得ない。

「補償協定」にしても、１９７３年に締結されており、個人の努力によって病を克服し、一

表３　給付内容（被害者手帳）

<table>
<tr><th colspan="3">水俣病被害者手帳</th></tr>
<tr><th>給付内容</th><th>救済措置対象者</th><th>療養費対象者</th></tr>
<tr><td>一時金</td><td>210万円</td><td>なし</td></tr>
<tr><td>年金</td><td>なし</td><td>なし</td></tr>
<tr><td>療養手当入院</td><td>17,700円</td><td>なし</td></tr>
<tr><td rowspan="2">療養手当通院</td><td>70歳以上15,900円</td><td rowspan="2">なし</td></tr>
<tr><td>70歳未満12,900円</td></tr>
<tr><td>療養費</td><td colspan="2">自己負担分を国・県が負担</td></tr>
<tr><td>針・灸治療費／療養費</td><td colspan="2" rowspan="2">月額7,500円以内で国・県が負担</td></tr>
<tr><td>温泉治療券</td></tr>
<tr><td rowspan="2">その他</td><td colspan="2">介護費用（医療系サービス）の自己負担分</td></tr>
<tr><td colspan="2">離島加算１月につき1,000円</td></tr>
</table>

出典）利用の手引きより筆者作成

般の社会に復帰することが求められていた時代背景もあり、補償の中心は、健康被害による損害の填補のための医療給付と金銭給付となっており、その後の補償・救済制度も、疾病という観点からのものでしか構成されていない。本来であれば、水俣病の被害者の生活保障という全般的視点から、総合的な支援体系が必要なのであろうが、そのような施策の意図を読み取ることはできない。

また、２００４年の関西訴訟最高裁判決の後の当時の小池百合子環境大臣の下に設置された私的諮問機関「水俣病問題に係る懇談会」の答申を受けて、熊本県事業として「胎児性・小児性水俣病患者等の支援」策が始まった。平成18年度から「胎児性・小児性患者などの地域生活支援事業」として、①福祉サービスの提供②緊急時支援③施設整備及び備品購入など、平成23年度から「胎児性水俣病患者等ケアマネジメント・相談支援事業」、「胎児性水俣病等なじみホームヘルパー等養成事業」に①水俣病を理解したホームヘルパー等養成支援事業②なじみホームヘルパー等養成支援事業、「胎児性水俣病患者等リハビリテーション支援事業」などが行われるようになった。利用には、１割の自己負担が必要であり、事業のほとんどが事業所を対象としたものである。

## 4．胎児性・小児性水俣病患者の生活実態から

水俣病は、根本的な治療方法がない中枢神経系疾患であり、治療としては、いわゆる対症療法しかない疾患である。完治することのない病を得た水俣病患者は、水俣病によって受けた障害とともに生き、水俣病を背負って生きざるを得ないのである。とはいうものの、先に指摘したように水俣病患者には、医療と金銭給付が中心の補償・救済制度しか用意されておらず、地域の中で自立生活を送るというための総合的支援を行うべきであるという意識は、きわめて希薄である。

そこで、ここでは、胎児性・小児性水俣病患者の生活実態から被害の多様性と介護の変化・社会的資源の活用状況を検証し、水俣病に関わる補償が果たす役割とその限界を明らかにしたい。胎児性・小児性水俣病患者は疾病による身体被害だけでなく、多様な被害があることを前提とし、自宅で自立生活を送るために必要な福祉サービス・補償・救済とは何かを提起したい。

## 5．胎児性・小児性水俣病の生活実態と諸制度の利用状況

小児性水俣病患者のＪ子さんは、１９５３（昭和28）年5月3日生まれ、62歳（２０１６年5月1日現在）である。１９５９（昭和34）年、水俣病患者診査協議会で水俣病と決定され、１９７０（昭和45）年1月旧救済法に基づいて認定（補償協定ではAランク）され、障害者手帳１種１級を所持している。

現在は、長姉夫婦と自宅で介護を受けながら生活しているが、意思の疎通は困難であり、食事介助、排せつ介助など日常生活すべてにおいて介助が必要な状態にある。立位・歩行は、短時間なら可能だが、転倒することが多い。食事は口まで運ぶと自力で咀嚼（そしゃく）・嚥下（えんげ）するのだが、そのつど1時間ほどの時間を要する。睡眠にばらつきがあり、一晩中眠らないこともある。口渇や空腹、排尿など自ら意思を伝えることができないため、表情や皮膚の色、行動の中から、介護者が変化を受け取り細やかな配慮が必要である。それを把握するためにも、本人と介護者との間での短時間の関係性では理解することが難しい状況であるといえる。またいうまでもなく、24時間の介護が必要な状態である。

両親が存命でともに暮らしていた時から、Ｊ子さんは両親や姉妹兄弟からの24時間の介護を受け、

自宅で過ごしていた。両親の死後、兄弟姉妹の独立後は、長姉夫婦が介護を引き受け、それまでと変わることなく自宅で過ごしていた。時折、肺炎などで入院生活を余儀なくされる時も、長姉夫婦が交代で病院で付き添っていた。

しかし、その長姉夫婦が二人とも病気になり、その治療・手術のため入院生活を余儀なくされ、家庭内での介護を支える体制が崩壊状態に陥った。つまり、先に述べたように水俣病に関わる補償・救済制度の利用だけでは、J子さんが一人で在宅での生活を送ることは困難な状況に陥ってしまったのである。

障害者自立支援法（以下、自立支援法）[ⅳ]による居宅介護を求めたのだが月に155時間、1日5時間程度しか認定されなかった。また、家事援助単価が介護保険より自立支援法における単価が低いことから、なかなかヘルパーを確保することが難しく、必要な時間数を確保することができなかった。そのため、長年この家族を支えていた水俣病の支援をしている「ほたるの家」[ⅴ]の二人が熊本県水俣病保健課に相談し、県の担当者とともに「胎児性・小児性水俣病などの地域生活支援事業」の「緊急時支援」で家政婦派遣を環境省に求め、24時間家政婦派遣を得ることとなった。ただし、これは、3カ月という期間限定付きであり、本人の1割の費用負担が必要であった。しかし、長姉の夫が退院後も療養が必要であり、介護が十分にできる保証がなかったため、夜間毎日介護を受けることができる体制ができる2011年1月まで家政婦派遣を延長することとなった。また、不足分は、同市内に住む兄や隣に住む甥（おい）が時折と、ほたるの家の関係者が支えていた。

現在は、長姉夫婦とも自宅に戻っているが、長姉は脳出血の後遺症から車椅子生活となり、自分自身に介助が必要な状態である。長姉の夫も、以前のように介護ができないため自立支援法に基づく重度障害者等包括支援により居宅介護（食事介助、家事援助、訪問入浴、排せつ介護）と訪問看護を合わせて利用し在宅生活を続けている。しかし、このような制度利用によって、介護に必要な時間数が確保できても、J子さん自身は、見知らぬ人からの食事介助をなかなか受け付けないため、ヘルパーに慣れるまでは、長姉夫婦の存在が不可欠な状況である。

これまで筆者が実施してきた調査では、現在、胎児性患者の一部は、生活の場として重度心身障害児者施設「明水園」に入所しているが、保護という下でかなり厳しい規則で管理されているように見えた。また、社会的サービスも利用せず、信頼できる支援者に頼る程度で、両親や兄弟姉妹が胎児性患者を介護しながら自宅でひっそりと生活しているものも少なくない。また、整形外科や内科、リハビリなどに定期的に通う人もいるが、医療機関への依存度は高い。

自宅では、親、兄弟と生活をしており、中には自分の部屋を持たないものもいる。家庭内での役割は特になく、自宅ではテレビを見たり、音楽を聴いたりして過ごしているという。経済的には、障害者年金とチッソの補償による特別調整手当があるのだが、それを全部自己管理しているものは筆者の調査の限りでは一人もいなかった。

それでも、胎児性・小児性水俣病患者の中には、少ない人数ではあるが、週に数回、水俣市内にある「ほっとはうす」や「ほたるの家」に通い、水俣病を伝える活動など社会活動を続けている。2014年4月には、水俣市中心に胎児性・小児性水俣病患者が自立して生活できるグループホーム「おるげ・のあ」が完成し、男女4人が入居しているなど自立した生活を送る模索が続いている。

このように、施設、自宅に関係なく60歳前後になってもなお、自立生活を送るのとは対極の擁護された状況下に置かれている方々が多く存在する。在宅生活を送る患者の中では、社会的資源を活用している事例は少ない。ヘルパー利用を取り入れたが、近所のうわさ（水俣病被害補償へのねたみ）を気にして2カ月余りで公的サービス利用の中止に至ったケースもある。さらには、家族が介護をできない期間、レスパイトケアの代替として、病院入院を強いられるというケースさえみられた。制度があっても利用できない背景に水俣病に対する差別・偏見があるのは否定できないであろう。

現在の補償体系は、あくまでも個人の身体的被害に対する金銭賠償であって、公健法による認定患者には補償金（一時金）や年金に加え医療費や介護費用の一部が支給されるものの、被害者たちの生活をいかに支えるか、というものでもなければ、被害者たちが暮らしていく環境をいかに作り出すかというものでもないといわざるを得ない。つまるところ、現在の補償内容では胎児性水俣病患者たちが頼れるとしたら、水俣病事件に関わってきた信頼のおける医師や支援者でしかない。

胎児性・小児性水俣病患者たちは、現在でもリハビリをしているように、障害学的視点からいうところの医療モデル、リハビリモデルの下におかれている状態が続いているようだ。そのため、社会的環境整備がされることなく、個人（および家族）の努力だけによって社会に適応する努力、生活していく努力を余儀なくされている。また、水俣病は人類が初めて経験した公害であるために、今後のことは分からないこと、実際に胎児性水俣病患者の中には、壮年期ごろより身体機能、運動機能が低下することによって、彼、彼女らの不安が大きいことも、医療への関わりを深くさせていることにつながっている。

水俣病は、未認定問題などさまざまな問題が継続している。その陰ではすでに認定された患者たちが抱える日常生活の問題、胎児性・小児性水俣病患者の自立生活の問題は、一時的に注目を受けるだけで、ごくわずかな支援者と個人の問題として陰をひそめざるを得なかった。そのため日々の生活は、家族や信頼できるごくわずかな支援者に支えられ、自助努力によって生きざるを得ないのである。この状況を脱するための大きな柱は、水俣病の解決である。その時その時の救済策ではなく、根本的な解決が必要なのである。そのために何をすべきなのか、これまで多くの被害者が上げてきた声を受け止めることから始めなければならない。

現存の補償・救済制度、介護保険、自立支援法（障害者総合支援法）は、個人に焦点を当ててあるだけで、家族を支えるものではない。介護を受ける状況になることは、特別なことではなく、誰もが経験することであると捉え、年齢や障害の有無で介護保険や自立支援法と分けるのではなく、一本化した制度をつくることが望まれる。そして、個人を対象とするのではなく、同居する家族をも含めたサービスの提供が可能な制度へと転換するべきである。

決して忘れてはならないのは、水俣病は、原因企業チッソ、国と熊本県の責任が明確である。社会福祉的ケアに係る費用を原因企業、国と熊本県が責任をもって負担をしなければならないのは、当然である。補償協定は１９７３年に締結されたものである。締結当時は、介護保険、自立支援法など存在していない時代だった。社会福祉の在り方、障害者の介護、高齢者の介護は、措置から権利へと変わっていったのだ。時代に合わせ、補償協定の見直しをすることが喫緊に必要なことである。

---

※本研究の一部はＪＰＳ科研費４０１１０００１の助成を受けたものです。

（ｉ）熊本日日新聞２０１６年3月9日朝刊

（ii）鹿児島県水俣病対策の申請状況 https://www.pref.kagoshima.jp/ad01/kurashi-kankyo/kankyo/minamata/toukei.html（最終確認２０１６年3月14日）

（iii）環境庁（当時）が１９９２年より水俣病総合対策医療事業を実施、１９９２年6月〜１９９５年3月、１９９６年1月22日〜7月１日の間、申請ができた。

（iv）平成25年４月からは「障害者総合支援法」

（ｖ）１９９６（平成８）年「水俣・ほたるの家」設立。水俣病第一次訴訟、水俣病互助会の事務局、水俣病を伝える活動、裁判支援、相談を引き受けている。現在、ＮＰＯ法人水俣協働センターほたるの家として患者支援を続けている。

# 水俣市に残された水銀による環境汚染

中地　重晴

## はじめに

２０１3年10月10日、熊本市で水銀規制に関する水俣条約が締結された。２０１6年2月末現在、１２8の国とＥＵが調印し、アメリカ合衆国や日本など23カ国が批准している。今後、批准が50カ国に達したときから、90日後に発効することになる。国際的な慣例に従えば、締結会議の開催地名をとって、熊本条約となるはずが、「水俣病の教訓を活かすために、水俣条約と名付ける」ことが日本政府の意向に基づいて、事前の外交交渉で決められていた。

水俣病被害者への補償が不十分であり、水俣病問題が未解決な現状で、水俣条約と冠することに、各国の市民団体・ＮＧＯや水俣病の被害者団体等から疑問が投げかけられ、国際的には水銀条約と呼ばれている。

水銀条約の交渉が本格化した２０１１年ごろから、水俣病被害者の救済に関する特別措置法に基づいた水俣市への支援ということを理由に、環境省は水俣の町づくりに関して、今まで水俣病問題に関わっていなかった学識者を中心にコンサルタントに半ば丸投げした形の「水俣まちづくり研究会」を組織し、水俣市の将来構想を提案した。

すでに、十年前から、水俣市の環境首都化を実現していくために、ごみ問題や観光、教育など五つのテーマで、行政、市民による円卓会議が開催されていたが、それらの議論を半ば無視して、水俣まちづくり研究会の報告書が作成され、平成27年度版環境白書で報告されている。

　この議論に水俣市民が関与していないことに疑問を持った水俣市民の方々と「みなまた地域研究会」を組織し、水銀条約の履行を意識して、汚染サイトとしての水俣をどう考えていくのか、水俣市における水銀被害の現状と今後についてを検討する作業を行ってきた。本章では、その内容を報告する。

水銀条約に至る経過

ＵＮＥＰ（国連環境計画）は２００２年に実施した世界水銀アセスメントの結果、「先進国では水銀の使用量は削減されているが、大気中に排出される水銀は増加傾向にある。開発途上国では小規模金採掘などで水銀が使用されている。大気や水に放出された水銀は、低濃度暴露でも、食物を通して人体に入ると、神経の発達障害、不妊、心臓病などの原因となる。クジラや魚類など野生生物に蓄積していて、環境リスクが高い」と判断し、国際的な水銀使用の規制が必要であると結論付けた。

　２００３年から、水銀規制の必要性についての検討が開始された。２００７年にはアドホック公開作業グループでの検討の結果、水銀の一次生産の禁止、水銀の輸出禁止、２０２０年までに水銀の使用規制、環境への排出の大幅削減などを行うことが合意された。２００９年2月の管理理事会で、２０１３年をめどに法的拘束力のある文書の作成が決定され、政府間交渉（ＩＮＣ）を5回実施し、２０１２年3月の管理理事会で、条約案が承認された。

それを受けて、２０１３年10月の水銀規制に関する水俣条約外交会議には、約１４０の国と地域が参加した。ＩＮＣで議論された水銀条約の議題は、水銀含有製品の使用削減、発生源の特定、環境上適正な保管方法、水銀鉱山からの採掘禁止、余剰水銀の輸出禁止、大気・水・土壌への放出を削減すること、汚染サイトの修復、水銀の使用・排出インベントリーの作成、代替技術利用のための資金や技術支援の方法など多岐にわたる。

### 水銀条約の概要

締結された水銀条約の内容は、「①新たな水銀鉱山の開発禁止②塩素アルカリ工程での使用を期限内に廃止③輸出入は締約国間の同意を条件に許可された用途以外は認めない④9分野の水銀添加製品を期限内に廃止⑤小規模金採掘に伴う水銀の使用、排出削減に努力⑥大気・水・土壌への排出削減⑦汚染サイトの特定と評価、リスク削減⑧条約規制の推進と順守を管理する国際委員会（事務局）の設置⑨締約国は国内法を整備、国内実施計画を作成し、規制強化に努める」など、多岐にわたる。水銀条約は35の条文と五つの付属書に取りまとめられた。

２０２０年をめどに期限を決め、段階的に製造、輸出入が禁止される9分野の水銀添加製品としては、電池、スイッチ・リレー、電球型蛍光灯、蛍光灯、水銀灯、せっけん・化粧品、殺虫剤・殺生物剤、血圧計、体温計（温度計）である。

ＩＮＣでは、オブザーバーとして、国際的な環境ＮＧＯであるＩＰＥＮや、Zero Mercury Working Group が参加し、強い法的規制と途上国への猶予規定・除外規定の削除、被害未然防止のための「汚染者負担原則」の確立などを求める活動を展開した。条約としては最大公約数として合意され、国際NGOが主張した水銀の輸出禁止や汚染者負担の原則などが盛り込まれず、内容的に不十分なところもある。

日本では、2015年6月、国会で、水銀の規制に関する法律と大気汚染防止法が改正され、国内法制度の整備が整ったとして、2016年1月に締結が閣議決定され、国連に届け出た。

水俣病を教訓化し、水銀による環境リスクの削減を国際的に進めていくためには、日本が世界に水銀削減の規範、水銀フリー社会の実現を示すことが締結会議のホスト国としての義務であると考える。

## 水銀条約で求められた汚染サイトの管理

水銀条約では、第12条（汚染サイト）で、「締約国は、汚染された場所を特定し、評価し、優先順位を決定し、管理し、適当な場所では修復する。そのための戦略の策定及び活動の実施を求めている。また、汚染サイトの管理のための手引（ガイドライン）を、条約発効後の締約国会議で作成していくこと。締約国間の協力体制の構築、途上国への国際的支援など」を求めている。

水銀条約に規定された汚染サイトに、エコパーク（水俣湾埋め立て地）とチッソの旧八幡残渣プールが該当するのではないかと筆者は考えている。旧八幡残渣プールはカーバイド残渣の上に、水銀を含んだ排水を注いで、埋め立てた廃棄物の処分場である。一部は盛土、整地され、エコタウン工業団地として使用されている。残りは、現在もチッソ（JNC）の自社産業廃棄物最終処分場として使用されており、水銀を含有した廃棄物が埋め立てられているのは確実である。

一方、水銀は元素であるので化学形態が変化しても、消滅することはなく、存在し続ける。チッソの操業に伴って、戦前から不知火海に排出された水銀は、底質（海底のヘドロ）に蓄積されてきた。その一部は、生物濃縮と食物連鎖で、魚介類に蓄積され、１９５０年代に水俣病を引き起こした。劇症型の患者が多発する中で、１９５６年の公式発見から12年後の１９６８年までチッソがアセトアルデヒド工程の操業を継続したことが水俣病被害を拡大させた。水俣湾等の水銀汚染への対応は後手に回った感がある。

熊本県は、１９７４年1月に、不知火海と水俣湾に仕切り網を張り、魚介類の捕獲を禁止し、地元の漁民が汚染魚を捕獲し、ドラム缶に詰めて、処分した。また、25ｐｐｍ以上の高濃度の水銀が含有した底質、海底のヘドロはしゅんせつされ、埋め立てられた。水銀ヘドロを埋め立てた上を、シートで覆い、清浄土を入れ、整地し、グラウンドや公園施設として整備した。現在、エコパークと呼ばれ、休日には多くの水俣市民が利用する憩いの場として活用されている。しかし、その下の水銀の存在に気を留める人も少なくなってきた。

エコパークこそが、水銀条約で定義された汚染サイトであること。地震や津波などの災害で崩壊し、再度環境を汚染しないかどうかのリスク評価が求められている場所だと考えるべきである。

## 汚染サイトの健全性に関する疑問

エコパーク造成のための水俣湾のしゅんせつ工事に関しては、計画発表段階では、当時のしゅんせつ技術のレベルから、水銀の不知火海への拡散、汚染の拡大が懸念された。１９７７年からしゅんせつ工事が開始され、途中川本輝夫さんなど患者団体による工事差し止め訴訟で、中断されたが、

１９９０年に、しゅんせつ土砂を鋼矢板と砂で封じ込め、水俣湾を埋め立てる工事が完成した。水俣湾内、２９０ヘクタールに広がった暫定基準値を超えるヘドロ約１５０万立方メートルをしゅんせつし、湾内最奥部に58ヘクタールの埋立地が造成された。４８５億円の工事費用をチッソと国、県が出し、水俣港環境汚染防止対策工事は完了した。

しゅんせつされ、封じこめられた水銀ヘドロは硫化水銀のような安定した化学形態に変化していると考えられるが、依然として、水銀が高濃度含有していることには変わりない。国や熊本県では恒久対策のように説明しているが、スティールパイル工法と呼ばれる鋼矢板の護岸は、50年の耐用年数で設計された。

２０１５年2月の熊本県の委員会報告では、護岸の状態はよいとされているが、海水で腐食、老朽化し、遅くとも30年後には、再度護岸工事を実施して、封じ込めないといけない。しゅんせつされた水銀ヘドロを、半永久的に管理し続けていく必要がある。遮水構造が損なわれるからとボーリング等の調査がなされていないので、詳細は不明である。硫化水銀の形態で存在し、安定しているかのようにいわれているが、化学形態が変化しても、水銀はそのまま残る。南海地震等で、液状化し、水銀が埋立地表面に出てくる可能性もあり、再度、環境を汚染する可能性はある。

汚染サイトとしての水俣市

水銀条約に基づけば、この埋立地エコパークは、汚染サイトとして、次の世代に負の遺産として、代々継承していかなければいけないものである。同様に、現在チッソ（ＪＮＣ）の自社の産業廃棄物最終処分場として管理されている旧八幡残渣プールにも、高濃度の水銀を含有したヘドロ等が埋め立てられている。こちらも水銀が不知火海に流出しないように、最終処分場の閉鎖後も維持管理していかなければいけない。私たちは次の世代に大きな負債を残したと言わざるを得ない。

こう考えていくと、汚染サイトとして管理しなければいけない、水銀で汚染された土地は他にも水俣市内にあるのかという疑問がわいてくる。チッソの第1組合の方々からは、安賃闘争終結後の差別就労で、カーバイド残渣を市内のあちこちに埋め立てさせられたとか、家を建てるときに、地盤改良のために、ただでカーバイド残渣を配っていたとかという昔話を聞かされたこともある。特に、土壌汚染対策法が施行されて以降、建物の新築時に土壌汚染が分かり、建築業者が土壌の処分に困ったというような話などを聞くことが何度もあった。

それで、2013年1月から活動を開始した、みなまた地域研究会の会員とともに、この3年間、チッソの操業による汚染、特に水銀汚染が、水俣市内にどれくらい残されているのかの調査を行った。

過去に、チッソによるカーバイド残渣などの廃棄物を投棄し、公園として利用していた場所に水俣市の消防署を新築しようとして、工事の際に、掘削除去した土壌が重金属で汚染していて、残土処分場で処理できず、土壌の処分に困ったことは公表されており、チッソがカーバイド残渣等を投棄した可能性のある水俣市内の土壌は要注意なので、埋め立てられたことが分かっている場所の健全性という観点から、土壌汚染の可能性を調べた。

また、水俣湾に排出された水銀に関しては、前述したように、暫定基準を超える底質はしゅんせつされ、エコパークに埋め立てられたが、暫定基準以下の底質については、手つかずのままで、放置されたままである。潮汐による底質の移動で拡散されている可能性もあるので、底質中の水銀濃度が変化していないかどうか、底質の現状を把握するための調査を行った。

水銀汚染調査の方法

水俣市内の土壌及び水俣湾周辺の底質中の水銀とその他有害性のある重金属などを調査した。土壌は、土壌汚染対策法に基づく溶出試験及び含有量試験で、総水銀、アルキル水銀、鉛、カドミウム、ヒ素、セレン、六価クロム濃度を測定した。また、過去の調査結果と比較するため、底質調査法に基づく含有量も同じ項目で測定した。

底質は、底質調査法に基づく含有量試験で、上記7項目に加えて、銅、鉄、マンガン濃度を測定した。

試料の採取時期に関しては、予備調査として、土壌は２０１４年3月15日に採取し、底質調査方法に基づく含有量検査を実施した。底質は№１～12は3月2日に、№15～18は3月12日に採取して、底質調査方法に基づく含有量検査を実施した。

土壌汚染の本調査として、２０１４年9月30日に土壌6地点10検体を採取し、土壌汚染対策法に基づく溶出試験、含有量試験及び底質調査方法に基づく含有量検査を実施した。底質の本調査として、２０１４年10月11日に17地点17検体を採取し、底質調査方法に基づく含有量検査を実施した。

試料の採取は、中地の指導のもとに、みなまた地域研究会の会員が行った。土壌の採取は表面から30センチ程度のものを混合して、試料とした。底質はベックマン採泥器により採取したものを混合し、試料とした。

土壌、底質の分析は、環境計量証明事業所の東和環境科学株式会社（広島市）に依頼した。

## 水銀汚染調査の結果

本調査の土壌の分析結果は［表1］、底質調査結果は［表2］に示す。
土壌については、2地点3検体から土壌汚染対策法の第2溶出基準を超える水銀（最高値0・0086㎎／L）が、2地点2検体から環境基準を超える水銀を検出した。2地点4検体から環境基準を超えるヒ素（最高値0・041㎎／L）を検出した。2地点4検体から含有量基準を超える水銀（最高値110㎎／㎏）を検出した。2地点3検体から含有量基準を超える鉛（最高値2600㎎／㎏）を検出した。

土壌汚染対策法に基づく溶出試験は、地下水経由での環境汚染、水質汚染の可能性を調査する方法である。第1溶出量基準は土壌環境基準と同じ値である。第2溶出量基準値は第一溶出量基準値の10倍であり、この値を超えると土壌の掘削除去などの対策が義務付けられている。

土壌汚染対策法に基づく含有量検査は、土壌を直接、口に入れた場合の健康影響の可能性から定められた基準で、土壌表面が含有量値を超えた場合には、土地の利用形態により、土壌の入れ替えや盛土などの飛散対策が必要とされている。

底質調査方法に基づく含有量試験とは、強酸で土壌を分解して測定するため、土壌中に含有される重金属の全量を示すと考えて差し支えない。また、土壌環境基準が制定される前に、環境庁（当時）が示していた含有量参考値と比較して、参考値を超えていれば、人為的に汚染されていると考えてよい。以前から、土壌汚染防止対策の必要を検討する目安として利用されていた。

今回の分析結果では、№3と4で、土壌汚染対策法の第2溶出基準を超える水銀が確認されたので、地下水を利用する可能性があれば、掘削除去対策を講じる必要があるといえる。当然、表面の

## 土壌分析結果〔表１〕　　採取年月日　2014年９月30日

溶出試験　　単位：mg/L

| 試料 No.<br>地点名 | No.1-1 | No.1-2 | No.2-1 | No.2-2 | No.3-1 | No.3-2 | No.4-1 | No.4-2 | No.5 | No.18 | 基準値 |
|---|---|---|---|---|---|---|---|---|---|---|---|
| カドミウム | <0.001 | <0.001 | <0.001 | <0.001 | <0.001 | <0.001 | <0.001 | <0.001 | <0.001 | <0.001 | 0.01 |
| 六価クロム | <0.02 | <0.02 | <0.02 | <0.02 | <0.02 | <0.02 | <0.02 | <0.02 | <0.02 | <0.02 | 0.05 |
| 水銀 | <0.0005 | <0.0005 | <0.0005 | <0.0005 | 0.0054 | 0.0049 | 0.0077 | 0.0086 | 0.0008 | <0.0005 | 0.0005 |
| アルキル水銀 | — | — | — | — | <0.0005 | <0.0005 | <0.0005 | <0.0005 | <0.0005 | <0.0005 | |
| セレン | <0.002 | <0.002 | <0.002 | <0.002 | <0.002 | <0.002 | <0.002 | <0.002 | <0.002 | <0.002 | 0.01 |
| 鉛 | <0.005 | 0.007 | <0.005 | <0.005 | <0.005 | <0.005 | <0.005 | <0.005 | <0.005 | 0.007 | 0.01 |
| 砒素 | 0.006 | 0.005 | <0.005 | <0.005 | 0.012 | 0.018 | 0.038 | 0.041 | 0.006 | 0.005 | 0.01 |

含有量試験　　単位：mg/kg

| 試料 No.<br>地点名 | No.1-1 | No.1-2 | No.2-1 | No.2-2 | No.3-1 | No.3-2 | No.4-1 | No.4-2 | No.5 | No.18 | 基準値 |
|---|---|---|---|---|---|---|---|---|---|---|---|
| カドミウム | <5 | <5 | <5 | <5 | <5 | <5 | <5 | <5 | <5 | <5 | 150 |
| 六価クロム | <5 | <5 | <5 | <5 | <5 | <5 | <5 | <5 | <5 | <5 | 250 |
| 水銀 | 2.4 | 1.7 | 0.10 | 0.11 | 110 | 100 | 170 | 86 | 5.1 | 0.48 | 15 |
| セレン | 1.4 | 1.7 | <0.5 | <0.5 | <0.5 | <0.5 | <0.5 | <0.5 | <0.5 | <0.5 | 150 |
| 鉛 | 2600 | 2100 | 10 | 8 | 150 | 130 | 120 | 72 | 25 | 480 | 150 |
| 砒素 | 15 | 16 | <0.5 | <0.5 | 66 | 56 | 61 | 69 | 7.1 | 20 | 150 |

底質調査方法　含有量試験　　単位：mg/kg

| 試料 No.<br>地点名 | No.1-1 | No.1-2 | No.2-1 | No.2-2 | No.3-1 | No.3-2 | No.4-1 | No.4-2 | No.5 | No.18 | 含有量<br>参考値 |
|---|---|---|---|---|---|---|---|---|---|---|---|
| カドミウム | 0.6 | | <0.5 | | 0.6 | | 2.0 | | 2.2 | 1.7 | 9 |
| 鉛 | 2700 | | 23 | | 150 | | 120 | | 41 | 470 | 600 |
| 六価クロム | <2 | | <2 | | <2 | | <2 | | <2 | <2 | |
| 砒素 | 29 | | 2.1 | | 74 | | 110 | | 20 | 68 | 50 |
| セレン | 15 | | <0.5 | | 0.9 | | 1.4 | | <0.5 | 3.7 | |
| 総水銀 | 7.1 | | 0.13 | | 180 | | 190 | | 10 | 2.3 | 3 |
| 銅 | 140 | | 53 | | 120 | | 220 | | 77 | 520 | |
| 鉄 | 32000 | | 61000 | | 74000 | | 71000 | | 63000 | 48000 | |
| マンガン | 380 | | 710 | | 1000 | | 850 | | 980 | 420 | |

ダイオキシン類　　単位：ｐｇ－TEQ/g

| 試料 No.<br>地点名 | No.1-1 | No.2-1 | No.4-1 | 基準値 |
|---|---|---|---|---|
| ダイオキシン類 | 12 | 8.9 | 19 | 1000 |

## 底質〔表2〕　　採取年月日　2014年10月11日

含有量試験　　　単位：mg/kg

| 試料 No. | No.1 | No.2 | NO.3 | NO.4 | No.5 | No.6 | No.7 | No.8 | No.9 | 基準値 |
|---|---|---|---|---|---|---|---|---|---|---|
| カドミウム | <0.5 | <0.5 | <0.5 | <0.5 | <0.5 | <0.5 | <0.5 | 0.7 | <0.5 | |
| 鉛 | 17 | 10 | 11 | 10 | 9.8 | 29 | 44 | 42 | 18 | |
| 六価クロム | <2 | <2 | <2 | <2 | <2 | <2 | <2 | <2 | <2 | |
| 砒素 | 8.4 | 10 | 13 | 9.3 | 18 | 16 | 23 | 41 | 37 | |
| セレン | 0.5 | <0.5 | 0.5 | <0.5 | <0.5 | 0.6 | 2.1 | 1.8 | <0.5 | |
| 総水銀 | 0.39 | 0.12 | 0.19 | 0.13 | 0.05 | 3.2 | 6.6 | 3.5 | 1.3 | 25 |
| アルキル水銀 | <0.01 | <0.01 | <0.01 | <0.01 | <0.01 | <0.01 | <0.01 | <0.01 | <0.01 | |
| 銅 | 40 | 15 | 15 | 16 | 12 | 38 | 69 | 68 | 18 | |
| 鉄 | 38000 | 17000 | 14000 | 12000 | 16000 | 11000 | 36000 | 45000 | 41000 | |
| マンガン | 370 | 410 | 340 | 250 | 390 | 250 | 290 | 280 | 340 | |

| 試料 No. | No.10 | No.11 | NO.12 | NO.13 | No.14 | No.15 | No.16 | No.17 | 基準値 | ERL | ERM |
|---|---|---|---|---|---|---|---|---|---|---|---|
| カドミウム | <0.5 | <0.5 | <0.5 | <0.5 | <0.5 | <0.5 | <0.5 | <0.5 | | 0.08 | 0.2 |
| 鉛 | 48 | 21 | 20 | 27 | 24 | 28 | 14 | 29 | | 6 | 17.4 |
| 六価クロム | <2 | <2 | <2 | <2 | <2 | <2 | <2 | <2 | | 0.2 | 0.5 |
| 砒素 | 21 | 17 | 36 | 24 | 28 | 32 | 16 | 32 | | 3 | 7.1 |
| セレン | 2.1 | 1.0 | 0.6 | 1.0 | 0.6 | 1.1 | <0.5 | 0.8 | | 0.1 | 0.2 |
| 総水銀 | 3.6 | 2.2 | 1.7 | 7.0 | 2.8 | 4.2 | 0.33 | 4.3 | 25 | 0.02 | 0.09 |
| アルキル水銀 | <0.01 | <0.01 | <0.01 | <0.01 | <0.01 | <0.01 | <0.01 | <0.01 | | | |
| 銅 | 64 | 29 | 15 | 40 | 29 | 82 | 66 | 83 | | 8.4 | 27 |
| 鉄 | 37000 | 32000 | 47000 | 45000 | 58000 | 59000 | 48000 | 50000 | | | |
| マンガン | 290 | 260 | 270 | 290 | 290 | 300 | 200 | 310 | | | |

ダイオキシン類　　　単位：pg － TEQ/g

| 地点名 | No.8 | No.9 | No.11 | No.12 | 基準値 | ERL | ERM |
|---|---|---|---|---|---|---|---|
| ダイオキシン類 | 8.7 | 0.62 | 15 | 1.6 | 150 | 0.91 | 5.3 |

汚染土壌が風雨で飛散しないように、表面を盛土するなどの対策が必要とされることが判明した。また、№1と18では、鉛が含有量基準を超えており、表面を盛土するなどの対策が必要とされることが判明した。

底質については、総水銀含有量は平均値2・4㎎／kg（範囲0・05～7・0㎎／kg）であった。鉛は平均値23・6㎎／kg（範囲10～48㎎／kg）、ヒ素は平均値22・5㎎／kg（範囲8・4～41㎎／kg）であった。

底質については、水銀とPCB、ダイオキシン類のみ、対策の必要性を判断する基準値が定められている。今回の調査結果では、水銀の暫定基準値25ｐｐｍを超える底質は検出されなかったが、最高7ｐｐｍ程度の水銀濃度の底質が存在していることが分かった。このまま放置され続けると、水生生物、魚に蓄積するとして存在し続けることは確実であり、何らかの対策を講じたほうがよいと考えられる。

一方、底質中のダイオキシン類濃度は、予算の関係で、4地点しか測定できなかったが、いずれも底質の環境基準値150ｐｇ－ＴＥＱ／kgよりかなり低い濃度であることが分かった。

### 水俣市土壌の汚染サイトとしての評価

前述した調査結果をもとに、汚染サイトとして評価を検討してみる。調査した土壌の履歴は、昭和30年代から40年代にチッソが廃棄物を投棄した地点を含んでいる。水銀が第2溶出量基準を超えた地点は、水俣市公害調査報告書第4号（昭和50年度～51年度前期）に調査結果が記述されており、1975年時点で、総水銀の含有量が最大308㎎／kgであったと記述されていた。

今回の調査では、土壌を表面から50センチまで採取した。簡単に比較できないが、底質調査法に基づく含有量では１９０㎎／㎏と同じオーダーであること、汚染が放置されていることが確認された。現行の土壌汚染対策法では、飛散しないように表面を被覆するなどの対策が必要な土地であることが分かった。

これらの水銀、鉛で基準を超えた汚染土壌の汚染源は、廃棄物の投棄という事実から、チッソの操業に伴うものであると推定できる。水俣市内にはこのような土壌が、今なお散在している可能性があり、２０１３年に締結された水銀条約の汚染サイトとして、環境リスクを評価し、対策を検討する必要があると考えられた。

底質に関するリスク評価

また、底質に関しては、総水銀の暫定基準値25ｐｐｍを超える地点はなかったが、かつて、国土交通省が日本の港湾施設周辺の底質調査結果を公表しており、その中央値が０・09㎎／㎏であったことと比較すれば、その10倍から１００倍の濃度で、水俣湾周辺で、総水銀が存在していることが分かった。

汚染の程度を評価するための参考として、アメリカでは底質評価ガイドラインに基づいて、何らかの影響があるとした報告例のうち、低濃度側から10％値をＥＲＬ（effects range-low　汚染の可能性のないレベル）、50％値をＥＲＭ（effects range-median　汚染の可能性が中程度のレベル）として、評価している。表2では比較のために、国土交通省が日本の港湾70カ所で実施した底質調査結果の10％値をＥＲＬ、50％値をＥＲＭとして示した。

# 水銀処理に750億円

## 水俣湾埋め立て地　学園大教授が試案

中地重晴教授

　熊本学園大水俣学研究センターの中地重晴教授（環境化学）は15日、水俣市であった市民学習会で、水俣湾埋め立て地に封じ込められている水銀を処理するための試案を明らかにした。全世界で水銀削減を目指す「水銀に関する水俣条約」の発効を見越して、無処理のままの水銀を地下の土壌から分離して回収。同時に水俣湾の再生も図る計画で、総事業費を約750億円と見積もっている。

　水俣病の原因企業チッソは、有害なメチル水銀を含む工場廃水を水俣湾に排出。国と県は1990年までに、水銀濃度25ppmを超える湾周辺のヘドロを海底からしゅんせつし、湾奥に埋め立てた。上部は公園として県が管理している。

　中地教授は「水銀条約は汚染場所の特定と管理、修復のための戦略の策定をうたっている。その趣旨からしても埋め立て地は汚染場所といえる」と説明し、無処理のままの水銀の回収を訴えた。

　試案では、埋め立て地下の約150万立方㍍の汚泥から、水銀を分離して回収。北海道の野村興産イトムカ鉱業所で永久保管する。分離回収の技術は既に確立されており、加熱抽出の方法ならば約450億円、水中で分離し無害化する方法なら約300億円かかる。水銀の永久保管費には150億円かかり、その後の汚泥の処理や水俣湾の再生などを考えると、最大で総計750億円の費用が見込まれるという。事業費は水銀を排出したチッソと規制を怠った国が負担すべきとしている。

　中地教授は「チッソはいまも不明の排出水銀量を公表すべきだ。後世にツケを残さないため、処理の議論を始める時期に来ている」と話している。今後、市民と協議し、チッソや国、県への提言を目指す。　（鎌倉尊信）

2014（平成26）年10月17日　熊本日日新聞

## 調査結果の公表とチッソの反応

今回の調査結果から、昭和30年代から50年以上にわたって、水銀による高濃度の土壌汚染が放置されていることが分かったので、警鐘を発するために２０１５年1月21日にみなまた地域研究会の学習会で結果を公表した。マスコミも大きく取り上げた。また、みなまた地域研究会で熊本県に対策、汚染土壌の飛散防止対策と周辺に汚染が拡大していないか、汚染範囲を特定するための詳細調査を要請した。

熊本県の回答は、土壌汚染対策法上、土地の所有者チッソ（ＪＮＣ）に調査を命令することはできないというものであった。

写真１　土壌中水銀濃度の高い地点のサンプリング

一方、ＪＮＣはマスコミ報道直後に、汚染が指摘された土地を立ち入り禁止にして、3月には、盛土し、写真2のように、アスファルトで舗装してしまった。まさに、臭いものにふたをした格好をとったが、汚染範囲の特定など、現行の土壌汚染対策法で求めている調査は行われず、汚染の事実を放置した状態にある。

企業の社会的責任として、法律の目的を順守する必要があるが、問題を隠ぺいしたままであることは、将来に禍根を残すのではないかと指摘しておきたい。

また、他に土壌汚染はないのかという問題であるが、かつて、チッソがカーバイド残渣を捨てたところは容易に見つけることができる。カーバイド残渣がアルカリ性であるため、雨水でカルシウム

写真２　対策後盛土された調査地点

が溶け出し、埋め立て地に隣接する側溝で、白くにじみだしていることが多いので、素人でも見れば分かる。念のため、にじみ出している水のpHをリトマス試験紙等で調べれば、アルカリ性を呈するので、確認しやすい。水俣市内には、八幡残渣プールに隣接する水俣市の焼却工場周辺や水俣駅裏の自動車教習所周辺など数カ所で見かけることができる。それで、汚染サイトの評価のために、これらの地域の土壌汚染調査をする必要があると考えており、今後も調査を継続していきたい。

## エコパークのリスクを評価し対策の検討を

国と熊本県は、１９７０年代後半から１９９０年にかけて、水俣湾の環境保全対策として、水俣湾の一部をしゅんせつし、水俣湾埋め立て地（エコパーク）を造成した。当時、しゅんせつすべき底質を総水銀濃度で25ｐｐｍと設定したが、40年前の検討結果であり、いまだに暫定基準のままである。この40年間に、小児の発達障害の防止のために、ＷＨＯなどは水銀のＴＷＩ（耐容週間摂取量）を見直し、摂取許容量の切り下げを提案しているが、日本では、魚類に対する摂取基準は総水銀で０・４ｐｐｍのままで、見直されていない。

水銀条約の締結、批准を絶好の機会ととらえ、国は水銀による健康影響に関して最新の知見を基に、リスク評価をやり直すべきである。水銀の摂取許容量を見直し、それに基づいて、魚類の摂取基準の設定、水質の環境基準や底質の暫定基準を見直すべきである。

水銀条約の第12条（汚染サイト）では、「水銀で汚染された場所を特定、評価し、優先順位を決定、管理、必要な場所では修復する。そのための戦略の策定及び活動の実施」を求めている。国の担当者に質問したところ水銀条約でいう汚染サイトに関しては、すでに、水質汚濁防止法や土壌汚染対策法等で、対応済みという見解を持っており、新たに法制度化する必要はないという回答であった。

筆者は、最新の科学的知見に基づいて、水銀の摂取許容量や環境基準等の見直し作業を行った上で、土壌や底質の汚染サイトの有無を精査し、対策の必要性を検討すべきであると考えている。

水俣湾埋め立て地（エコパーク）に関しては、熊本県が港湾管理者として、水俣湾公害防止事業埋立地護岸等耐震及び老朽化対策検討委員会を設置して、水銀を含む汚泥を封じ込めた埋立地護岸等における、現在の耐震性能・老朽化の度合い等を評価し、今後の耐震対策及び老朽化対策に関する検討を行うことを目的として２００８年度から、最新の知見に基づいた技術検討を２０１４年度まで行った。２０１５年2月に検討結果を公表した。その内容は、「護岸の鋼材の防食工（さび止め）は適切に機能しており、腐食の進行も設計時の想定以下であることから、現在の腐食速度から推定すると、今後40年以上にわたって性能を維持できると考えられる。一般的な地震の地震動により地盤が液状化し、水銀を含んだ埋め立て土砂が地表へ噴出することも考えられるが、噴出する水銀は土壌環境基準値以下の極めて濃度の低いものであり、環境への影響は小さいものと考えられる」であった。

検討委員会の検討結果を評価しようとしても、議事録や検討資料は公開されておらず、できない。エコパークは、鋼矢板とコンクリートで造成された護岸で、50年の耐久年数で設計されている。

老朽化すれば、再度造成しなければいけない。熊本県の委員会の調査結果では、あと40年は大丈夫だということであるが、それを経過すれば、再度、護岸の造成を行う必要がある。半永久的に、護岸工事を繰り返し続けることになる。

汚染サイトとして、チッソが水俣湾に放出した水銀量は150トンから450トン程度と推定されているが、エコパークにどの程度埋め立てられているのか、災害時や老朽化による流出などの環境リスクを評価し、どのように管理していくのかを検討するのが、本来的な委員会の検討内容だと考えるが、そこまで検討されていない。

エコパークの水銀をどう管理するのか、「世代間の公平」という環境倫理に基づけば、次世代にツケを残さないという観点から、水銀を回収し、永久保管する環境保全対策を我々の世代で行うべきである。

筆者は、40年前には検討されなかったが、現在、土壌汚染の修復のために、水銀汚染土壌を350～650℃程度に加熱し、還元気化させて、金属水銀として回収することが行われていること、将来的に環境リスクを減少させていくために、埋め立てられたしゅんせつ土砂を掘り起こし、水銀を回収することも技術的には可能になっていることから、土壌汚染対策として実用化されているオンサイト処理設備による土壌中の水銀の濃縮、回収処理と、既存の焙焼炉〈北海道の野村興産㈱の施設など〉を組み合わせて、埋め立て土壌から金属水銀として回収し、永久に保管することが可能であると考えた。

現在実施されている工法による処理費用を用いて概算すると、オンサイトでの処理と他所での回収処理に関して、トン当たり5万円の処理コストがかかったとしても、150万立方メートルで、

# 行政は危険性の再評価を

News インタビュー

## 水俣市 土壌から基準値超の水銀

熊本学園大教授　中地重晴さん

水俣市明神町の土壌から土壌汚染対策法の基準値の11倍にあたる水銀が検出された問題について、熊本学園大社会福祉学部の中地重晴教授（環境化学）に調査した目的などを聞いた。

（隅川俊彦）

―なぜ調査したのですか。

「水俣市内には、過去に水俣病の原因企業チッソの工場から出た廃棄物などが埋め立てられたり、投棄されたりした場所が複数あることが、資料や元社員の証言などで分かっている。汚染の現状を調べる必要があった」

「高い水銀値が出た場所は1960年代に廃棄物で埋め立てられた記録があった。放置されていい問題ではない。汚染について市民に考えてもらう契機になればと思う」

―無機水銀よりも恐ろしいのは、水俣病の原因となった有機水銀です。今回、人や周辺への影響は考えられるでしょうか。

「検出されたのは無機水銀で、土ぼこりや大気に飛散したものを人が吸い込んでも、体外に排出される。ただちに人に健康影響が出るとは考えにくい」

「ただ、地下水に溶出したり、大気中へ飛散した水銀が有機化し、魚介類などに濃縮して、摂取した人に蓄積される恐れはある」

―誰が対策をとるべきでしょうか。

「土壌汚染対策法に基づき、県知事が必要と判断すれば、土地の所有者に調査を求めることができる。まずリスクをしっかりと把握する必要がある。そして市民に情報を公開するべきだ」

―なぜ水銀値の高い土壌が残っているのでしょうか。

「1977～90年に国や県が実施した水俣湾のしゅんせつと埋め立て地造成では、湾の汚泥が問題視された。陸地の土壌には目が向かなかったのではないか。この時に周辺の土壌まで一緒に処理できればよかった」

―水俣湾周辺の海底や河口の底質についても、17カ所を調査しました。

「水銀を含む汚泥の暫定除去基準値（25ppm）を上回る地点はなかったが、国が国内70カ所の港湾を調べた平均値と比べると、水俣湾周辺の底質の水銀濃度は10～100倍高い。そもそも25ppmという暫定基準が妥当かについても疑問がある」

―批准を目指している「水銀に関する水俣条約」は、汚染サイトの特定やリスク削減を定めています。

「日本が条約を批准するためにも、水俣湾周辺の水銀汚染のリスクを行政が再評価すべきだ。熊本県は水銀フリー（不使用）社会の実現に取り組んでいる。汚染された土壌、高濃度水銀を含む汚泥が埋められたままの水俣湾埋め立て地を、現状のまま放置してはいけない」

◇なかち・しげはる　滋賀県出身、京都大工学部資源工学科卒。医療法人南労会環境監視研究所所長などを経て、2010年４月から現職。58歳。

2015（平成27）年１月23日　熊本日日新聞

７５０億円程度ですむ。恒久対策として、できない工事ではないと、我々の世代での恒久対策を提案した。

ただし、エコパークの汚染土壌処理後の清浄土をどこに持っていくのか、エコパークに埋め戻すのか、あるいは他所に持ち出し、海に戻すのか、市民の合意を取り付ける必要があり、水俣市の町づくりの中で、議論を始めてもよいと考えている。

同様に、水俣湾に隣接するチッソの産廃処分場である旧八幡プールにも相当量の水銀が投棄されており、護岸の健全性や環境リスクを評価し、対策を検討する必要があると考えている。

## 健康リスク削減のための摂食制限

国は、１９７４年に水俣湾内の操業制限を実施する前に、魚介類の暫定基準値として０・４ｐｐｍと定め、基準を超える魚介類の摂取を制限した。熊本県の調査では、チッソがアセトアルデヒドの製造を中止した１９６８年ごろまでは、水俣湾の魚介類中の水銀濃度は１ｐｐｍを超えていた。仕切り網の設置、汚染魚の捕獲、水銀ヘドロのしゅんせつ工事の実施によって、魚介類の汚染レベルは減少していたが、しゅんせつ工事がほぼ完了した１９８９年では、16種類の魚種が０・４ｐｐｍを超えていた。

１９９７年に、３年連続で暫定基準値を下回ったことから、熊本県は安全宣言をしたが、現在はカサゴとササノハベラの2種類の魚種しか、継続してモニタリングしていない。暫定基準値を下回っているとはいえ、魚が、水銀で汚染され続けていることには違いがない。

魚介類の水銀汚染は、水俣湾や不知火海だけではない。環境中に排出される水銀量が多くなり、微生物の働きによって、無機水銀が有機水銀に変化し、魚介類に、生物濃縮と食物連鎖で、魚介類に蓄積されていく。食物連鎖の上位に位置する、たくさんの餌を摂取する大型魚やイルカやクジラなど哺乳類の水銀含有量は高い。国や自治体が実施した日本国内で捕獲された魚介類の調査では、マグロやキンメダイなどいくつかの魚種で、国の暫定基準値を超えている。北欧やインド洋などの島嶼(とうしょ)部で、魚しか食べない人々の疫学調査で、神経障害等が確認されるようになった。この事実は、今回水銀条約を締結するための重要な理由である。

1976年に、WHO(世界保健機関)が、メチル水銀による健康障害の発症基準値として、毛髪中で50ppmを示した。新潟水俣病の発症例から、体内水銀残存量を考慮して決められたといわれている。それを受けて、政府は成人の魚介類暫定摂取基準値として、メチル水銀0・3ppm、総水銀0・4ppmを定めた。その後、イラクの水銀中毒事件や、ニュージーランド、カナダの研究結果などが蓄積され、1988年にWHOなどが作るIPCS(国際化学物質安全性計画)では、胎児が成人よりも水銀の影響を受けやすいことから、「妊娠中の女性の毛髪中の水銀濃度が20ppm以下であっても、あるいは10ppm以下であっても、胎児に影響が表れる可能性がある」として、世界の研究者に検討を呼び掛けた。メチル水銀の耐容週間摂取量として、1・6μg/kg/週とされた。体重50kgの人が、1週間に摂取しても健康に影響のない量として、メチル水銀80μg(0・08mg)の摂取しか許されない。2003年には、農水省が妊婦の摂取の目安として、魚種を指定して、食べてもよい量を示した。たとえば、キンメダイやクロマグロ(ホンマグロ)だと、1週間に1回80gまでしか食べてはいけないと警告している。食品安全基準の考え方からすれば、0・1ppm程度に基準を引き下げる必要がある。

日本人の魚離れが進んでいるが、魚介類中の水銀濃度が減少しない以上、摂取には注意する必要があるレベルであることを知っておくべきである。長期的には、水銀の環境中への排出量を減少させ、魚介類への蓄積を減少させるしか、方策はないことを強調しておきたい。

**参考文献**

①　水銀規制に関する国際条約（外務省仮訳）
②　水俣市市民部公害課：公害調査報告書第４号（昭和50年度～昭和51年度前期）報告書、85ページ、（１９７６）
③　新日本窒素株式会社：水俣工場新聞（昭和35年４月20日発行）、No.59、１ページ（１９６０）
④　冨安ら：Marine Chemistry 112、１０２－１０６ページ、（２００８）
⑤　国土交通省調査結果
⑥　中地重晴、宮北隆志：水俣市における土壌中の高濃度水銀汚染について、日本公衆衛生学会研究発表会抄録、（２０１５）

# 水保病公式確認60年：何が必要か

花田　昌宣

本年5月、水俣病発生の公式確認から60年を迎える。熊本では、テレビや新聞が積極的に取り上げているが、全国的にはほとんど意識されていない状況にあるといえる。多くの人々にとっては、公害問題は過去の問題であり、水俣病の問題もほぼ解決していて、残されている課題はせいぜい「過去の教訓」を将来に生かすことぐらいと考えられているようだ。

ところが、いまなお、患者が何人いるのか、そもそも水俣病とはどのような病気なのか、被害の広がりがどこまで及んでいるのか、海の汚染がいつからいつまで続いていたのかなどというような水俣病の被害像の全体が明らかになっていないこと、そしてこれの一つ一つの課題が、被害民たちと国、県、チッソとの争いの的になっていることを知る人は少ない。じつは学問的にはかなりの程度はっきりしているといえるが、被害者の補償と救済をめぐっての訴訟においては、被告となる国、県、チッソはことさらに問題を持ち出してくる。あたかも被害の規模を切り縮めて見せようとするかのごとくである。

訴訟だけでも、国家賠償請求訴訟、食品衛生法の適用を求める訴訟、補償協定書締結を求める訴訟、公害健康被害補償法に基づく賠償を求める訴訟などが争われており、認定を求める行政不服審査請求等を合わせると、水俣病は終わっていないどころか、「解決」にはほど遠い現状にある。さらに、一人一人の被害者にとっては、認定され補償が実施されたところで問題が解決したわけではないし、苦難は続いている。

これらの事柄が、水俣病60年の歴史の積み重ねの上にたどり着いた地点であるとすれば、気の遠くなるような思いもする。

## 一　法的には決着済みのことばかり

はじめに確認しておきたいこと、まず、何よりも分かっておかないといけないことは、水俣病に関してはすでにいくつかの重要な司法判断（裁判の判決）が下され確定しているということだ。水俣病をめぐっては過去、何十もの訴訟が争われているが、和解を得ずに判決まで争った訴訟のほとんどが患者原告の勝訴に終わっていることは、水俣病の歴史を考えていく上で重要である。

### 水俣病第一次訴訟：チッソの賠償責任確定

１９６８年９月、厚生省は水俣病の原因はチッソの流した有機水銀が引き起こした公害病であるとの政府の正式見解を示した。実はそれまでは、チッソの廃水が原因であること、有機水銀が原因物質であることなどは発生初期の段階から分かっていたとしても、公式には原因不明の疾患であった。この政府見解を受けて初めて白黒がはっきりした。

それを受けて、１９６９年６月、水俣病の患者たちは、チッソを相手取って損害賠償請求の裁判を起こした。この民事訴訟においては、加害企業チッソは政府の見解を認めて、チッソの廃水が原因であることは認めても、会社としてはそれが水俣病を引き起こすとは予見できなかった、だからチッソには責任はないと主張した。また1959年末の見舞金契約で患者との間の補償は既に終わっているとした。この訴訟や同じころ進められていた川本輝夫さんらの直接交渉の運動に対する熊本ばかりではなく全国的な輪が広がり大きな社会運動となっていた。

裁判では原告患者側の全面勝訴判決が下された。1973年3月20日の熊本地裁判決によって、チッソは加害企業として断罪されるとともに、患者側の損害賠償請求が認められた。熊本地裁判決を受けての患者側とチッソとの交渉によって、同年7月9日、チッソとの間に補償協定が締結され、認定された患者には同等の補償がなされることになった（第2部55ページ田尻論文参照）。

関西訴訟：国・県の責任確定

1983年10月、水俣芦北地域から関西方面に移住した患者たちが、チッソに加え国・熊本県を相手取って新たな損害賠償請求を起こした。水俣病の被害を直接引き起こしたのはチッソという会社であったとしても、廃水垂れ流しを何ら規制しなかったのは国・県の過失であるとして三者を被告にした裁判となった。20年にもわたるこの訴訟は最高裁まで争われ、2004年には最高裁によって、チッソのみならず、国・熊本県にも責任ありとしての賠償責任が確定するとともに、認定基準に関しても従来の基準を覆す司法判断が下された。このように行政の法的責任を明らかにした初めての判決であった。

### 行政訴訟：認定基準の過ち確定

次いで、水俣病認定をめぐる行政訴訟においては、2013年4月、棄却処分取り消し・認定義務付けの最高裁判決が下され、従来の認定基準を否定し、感覚障害のみの所見の場合でも認定できることとされ、かつ水俣病は一つであるとして、司法としての統一的判断を下したのである。この裁判は水俣の溝口さん（認定申請後、死亡した女性のケース）、大阪のFさん（関西訴訟の勝訴原告で司法では水俣病と認められ、行政からは水俣病ではないといわれたケース）がそれぞれ水俣病認定を求めて起こした裁判であった。ここで争われたのは国が定めた認定基準そのものであり、司法の場においても間違っていることが明確にされた。

### 刑事訴訟：チッソ元社長・工場長有罪

1973年の熊本地裁判決でチッソの民事責任（賠償責任）は認められていたのだが、刑事責任は認められていなかった。患者運動のリーダーであった川本輝夫さんの告訴を受けて、検察がチッソの元幹部を業務上過失致死傷罪で起訴したのがチッソ幹部の刑事裁判であった。この刑事裁判においてはチッソ側は最後まで争ったが、1988年、最高裁においてチッソの元社長・工場長に対する有罪判決（執行猶予付きの禁固刑）が下されて確定している。

このように、民事、行政、刑事のそれぞれにおいて司法の判断が確定している。にもかかわらず、なお「水俣病問題が解決していない」とはいったいどういうことなのだろうか。

るようになった。

## 二　水俣病とは何か：現在もなお患者が増えている理由

よく知られているように、１９５６年4月下旬、水俣の漁村の二人の子どもが発症し、いろいろと医者を回っても分からず、チッソの付属病院に入院。細川院長が水俣保健所に原因不明の神経系疾患発生と届け出たのが5月1日であった。のちにこの日をもって水俣病発生の公式確認の日とするようになった。

１９５６年5月、当初は「奇病発生」地域は水俣湾南部という狭い水域に面する地区と線引きされていたものの、やがて、水俣湾全体に広がっていることが分かり、その後、チッソの排水路変更もあって、さらに不知火海全域に被害の広がりが確認されたのが１９５９年であった。

１９６０年から数年にわたって実施された熊本県衛生研究所の不知火海沿岸の住民毛髪水銀調査では、３０００名近くの毛髪が収集され、きわめて高濃度の水銀暴露を受けている住民が数多く見られた。御所浦町椛木（牧島の天草側の小さな漁村集落）在住の女性から９２０ｐｐｍという最も高い水銀値が検出されていた。（この女性は水俣病と認められることなく死亡した）。そもそも長年、水俣の対岸である御所浦には水俣病はないとされていた。

この毛髪水銀調査結果は研究所報や学会誌に概要の報告がなされただけで、被害者の救済に役立てられることはなかったし、汚染の広がりが不知火海全体に広がっていることがはっきりしているにもかかわらず、健康調査がなされることもなかった。そもそもデータそのものが秘匿されていた。とはいえ、公式的には１９６０年代は水俣病患者数は、１００人程度と見なされていた。（１９６４年1月段階で63名とされていた）。しかし、これは明らかに過小評価であった。

１９７０年代に入り、１９７３年の水俣病訴訟判決を前後して、認定申請者が増加し始め、やがて公健法による認定患者数も2000名を超えた。水俣病認定を求めて申請する人は5000名を超えた。この段階で水俣病患者数は数千名規模に上るという認識が生まれた。未認定患者の闘いは20年近くにわたり、熊本県や環境庁など行政との交渉、さまざまな訴訟など係争状態が続いた。争われていたのは、なぜ国・県の行政が患者を放置し続けるのか、なぜ狭隘（きょうあい）な認定基準を改めないかということであった。

1994－5年のいわゆる政治解決と訴訟上の和解においては、四肢末梢優位の感覚障害を有するか、全身性感覚障害をはじめ水俣病に類する神経症状を有する人を対象に、医療手帳ないし保健手帳の交付がなされた（水俣病であるとは認めないままの医療救済、第2部55ページ田尻論文参照）。これらの人々は、有機水銀の濃厚暴露を受け感覚障害などさまざまな水俣病の症状を有しており、のちの2013年の認定義務付けをめぐる最高裁判決の水俣病の判断基準に従えば、水俣病と認められてしかるべき人たちであった。この段階で被害規模が1万人を超えることが明らかになった。

1995年政治解決（総合対策医療事業）対象者数

|  |  |
| --- | --- |
| 一時金給付（医療手帳） | 11，152人 |
| 保健手帳（医療費のみ） | 1，222人 |

さらに、2004年の水俣病関西訴訟最高裁判決以降あらためて認定申請者数が急増し、

4000名を超えた。これは、94－5年の政治解決時においても自ら名乗り出なかった人々が、不知火海沿岸地域に多数存在していたことを明らかにするものであった。あらためて、患者の座り込み、行政との交渉、訴訟が起こされた。

そうした患者運動の高まりに対して、国が打ち出したのが水俣病問題の最終解決をうたう2009年の水俣病特措法であった。ここで打ち出された救済策には、5万人近くの人々が給付申請を行い、次の表には示していないがそれまでの保健手帳からの切り替え申請者も含め、熊本・鹿児島両県で6万2728人（新潟県も含めると6万4730人）が給付申請し、5万3156人（新潟県も含めると5万5081人）が給付対象者となった。この場合も、対象者は四肢末梢優位の感覚障害を有するか、水俣病に類する神経症状を有する人であり、水俣病と認められてしかるべき人たちである。今なお潜在する人たちや未認定・未救済のまま死亡した人々の数を加えれば10万人台になるのではないかと思われる。

**2010年　水俣病特措法の救済対象者**

水俣病特措法救済対策対象者数（単位：人）

一時金等の給付申請者数

| | ①　一時金等対象該当者数 | ②　療養費対象該当者数 | ③　①、②のいずれにも非該当者数 | ④　合計（①＋②＋③） |
|---|---|---|---|---|
| 熊本県 | 19，306 | 3，510 | 5，144 | 27，960 |

| | | | | |
|---|---|---|---|---|
| 鹿児島県 | 11,127 | 2,418 | 4,428 | 17,973 |
| 新潟県 | 1,811 | 85 | 77 | 1,973 |

熊本・鹿児島両県で　３万６３６１人

（過去に通常起こり得る程度を超えるメチル水銀の暴露を受けた可能性があり、かつ、四肢末梢優位の感覚障害を有する者及び全身性の感覚障害を有する者、その他の四肢末梢優位の感覚障害を有する者に準ずる者）

この段階に至って、ようやく水俣病の被害規模は、60年代の１００人程度を数桁も上回る被害規模であることが明確になった。原田正純氏はかつて岩波新書『水俣病』で不知火海沿岸には10万人以上の水俣病患者がいるはずと書いていたが、果たしてその通りであった。

## 三　現在の水俣病をめぐる三つの問い

このように時間の流れにそってみて行くと、なにか出来事が起きるたびに被害補償と救済を求める人々が現れ出てくるように見える。なぜ、このようなことが繰り返されるのか、ここでは、以下三つの問いに課題を限定して説明してみよう。

### 被害規模が把握されない理由：本人申請主義

第一に、これほどの被害規模となっていることが初期の段階で想定できなかったか、そしてそれに見合った対策がなぜとられなかったのか、という問いである。

１９６０年代、水俣病は、いわゆるハンターラッセル症候群と呼ばれる症状をそろえている人たちだけを水俣病とする考え方に基づき狭くとらえられていた。逆に言えば、今日、映像記録でも見ることのできる急性発症の患者だけを水俣病としていたのであって、今からいえば、当時の医学の状況、医学の限界を反省すべきところであろう。しかし、先に見た熊本県衛生研究所の毛髪水銀調査等を見れば分かるように、不知火海沿岸一帯に汚染の広がりは確認されており、この段階で不知火海全体の一斉調査がなされていれば、多くの被害者が確認され、被害規模の広がりは明らかになっていたであろうと思われる。

ただ、先で触れた被害者数に関する数字にしたところで、あくまで「本人申請制度」に基づいて、自ら認定申請し、あるいは「救済策」に自発的に手を挙げた者の数字である。この豊穣の海の沿岸にどれほどの被害住民がいるのか、正確には把握しようもないが、少なくともその母集団は、熊本、鹿児島両県の不知火海沿岸に居住歴のあるものは47万人に上る。（熊本県「水俣病対策について」２００６年11月29日付）

したがって、今からでも遅くはない。被害実態の調査を試みることが必要なのではないか。あるいは、結論部に述べるような本人申請に基づかない住民手帳方式が必要であろう。

**ことあるたびに被害者数が増える理由：差別と偏見**

第二に、なぜこのように何か出来事があるたびに新規に申請者が現れるのか、という問いである。次のグラフで見ることができるように、１９７３年の水俣病第一次訴訟判決以降、申請者が急増し、１９９４－５年の政治解決によって認定申請者数は激減するが、２００４年の関西訴訟最高裁判決以降に激増する。2009年の特措法と医療救済策によって申請者数は減少するが、2013年の認定基準をめぐる最高裁判決以降また増加している。こうした認定申請者数の変動は何を意味するのだろうか。

少なくとも1992年の水俣湾の魚介類安全宣言が出されるまでは海の汚染は確認できる。今なお水銀濃度の比較的高い魚がとれることもある。とはいえ、水俣病の発症が今日まで続いているとは考えにくい。したがって、あらたに認定申請したり医療救済の給付申請をする人々は、新規に発症した人々ではなく長年にわたって水俣病の症状に苦しんできた人たちがほとんどであろうと思う。

したがって、イメージとしては不知火海沿岸、あるいは行商ルートによって魚介類を摂取していた山間部の人たちのなかに、膨大な被害者のプール（被害規模の総体像）があり、そのなかから少しずつ補償・救済を求める人が出てくるという構図である。このプールの大きさはいまだ明らかではない。ことあるたびにあらわれる補償・救済を求める人たちはそれまで病気を隠していた人たち、あるいは隠れていた人々である。だからなぜ隠れていたのかと問いは立てる必要があるだろう。

水俣病認定申請、あるいは種々の救済策は、そのすべてが被害者本人の申請に基づいてなされる。本人が手続きをとらなければ、何も始まらない。したがって、申請数が増えているということは、これまで水俣病の症状を有しつつ、隠れていたか、気づかなかったか、ということではないかと思われる。そこで、問いはなぜ本人が名乗り出なかったのかと、名乗り出ることができない事情とは何なのかと、立て直されなければならない。

そこには、水俣病に対する差別や偏見、認定申請すること、水俣病と認められることによる不利益な扱いの存在への恐怖が根強く存在する。これは今も変わらない。水俣病に関する差別についてはほかのところに何度か書いたし、ここではこの点は横においておくことにする。

だれしも、現実に水俣病に関する差別を恐れている人がいるという現実は認めざるを得ない。行政は水俣病救済には周知徹底を図っているというし、水俣病に関する啓発・啓蒙もたしかになされているが、いったん生活の場にまで降りてきたら、なかなか届かない現実があることを認めないといけない。

第三に、これらの人々は水俣病であるのかどうかという点である。医学上の水俣病と、補償救済策上の水俣病に問題というか隔たりがあるのではないか。

私は、種々の救済策を受けている人たちや認定申請をしている人たちは水俣病であるという出発点に立つことが必要であると考えている。有機水銀の濃厚暴露を長期間にわたって受け、感覚障害をはじめ、さまざまな症状を有する人を水俣病であると判断するのはさほど難しいこ

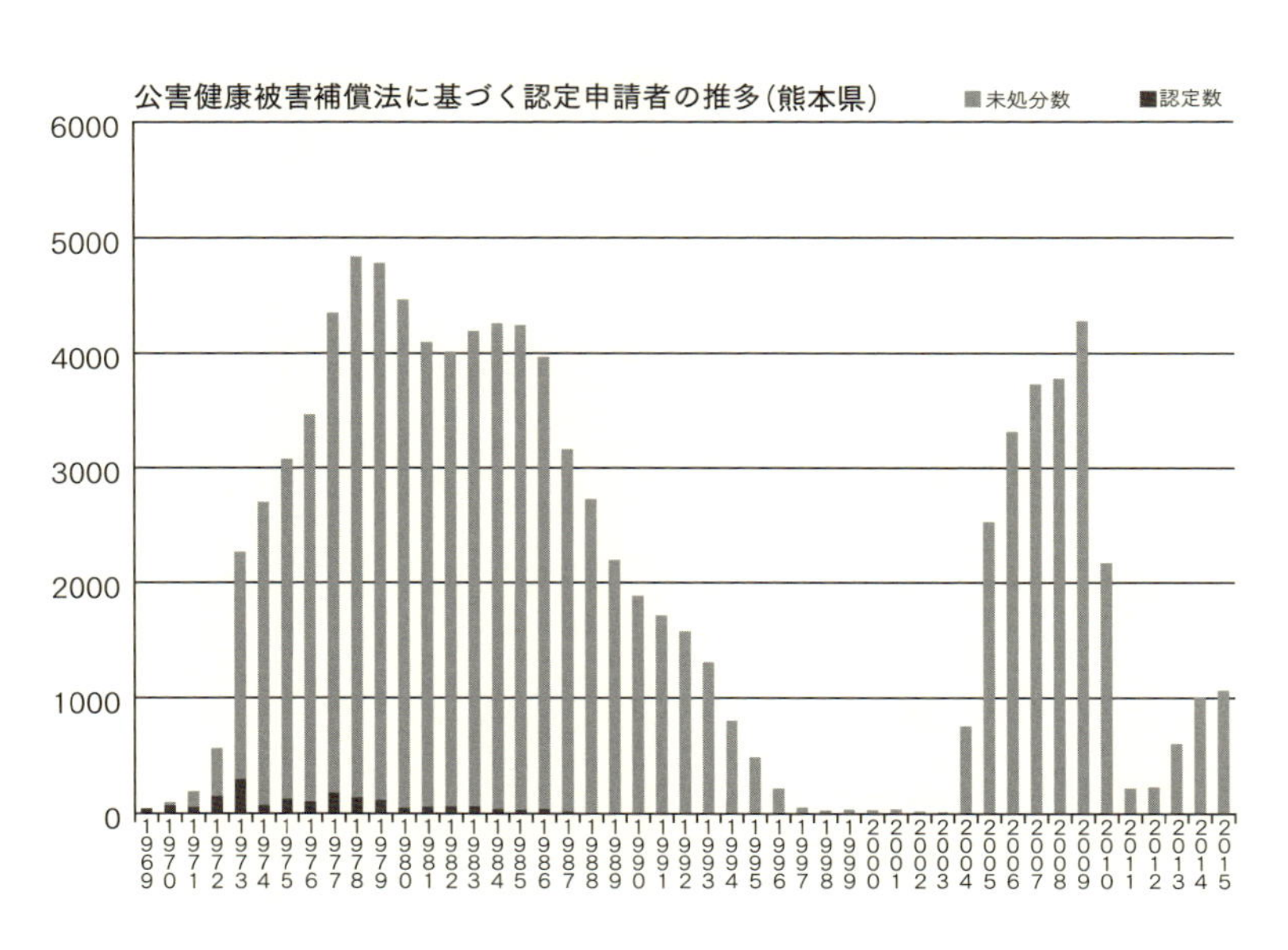

とではない。岡山大学の津田敏秀医師は疫学研究の観点からそのことを明確にする論文や著書を出している。また、原田正純医師は、そのことを繰り返し主張し、被害者の補償と救済に必要な医学的診断は、純粋医学上の診断と同一平面で議論してはならないとしていた。それをことさらに難しいと装い、水保病でない人を水保病と判断すること（専門用語では偽陽性という）を避けることに固執するあまり、本来水保病患者と認めるべき人たちを水保病ではないとしてしまっている。被害者に対する補償と救済のために何をなすべきかという議論を、それとは次元の異なる医学論議にすり替えて、いたずらに患者救済をないがしろにしてはならないだろう。

医学的には水保病は一つである。また、認定義務付け訴訟の最高裁判決（２０１３年）においても、水保病は客観的事象であって、司法上の水保病、行政上の水保病、救済策上の水保病等のような規範的要件によって判断されるものではないとされ、水保病は一つであることを明確にした。有機水銀の暴露を受けて、四肢末梢あるいは全身性の感覚障害を有していれば、医学上は水保病と診断される。それはまた、最高裁判決においても確定したところである。

感覚障害とはあくまでも医師による診察の結果明らかになることであって、患者本人にとってみれば、日常的には起きていることなので、なかなか自覚しがたいところもある。医学的に言えば、少なくとも長期にわたる水銀汚染の暴露を受け、慢性化した水保病患者は急性期の発症患者とは症状も異なる。いつまで不知火海の汚染が継続していたと判断されるのかについては、議論のあるところだが、１９９２年熊本県知事が魚介類の安全宣言を行い、水保湾の仕切り網がなされた時点までは危険があったことは公的に確認できる。

本人たちの日常生活においては、からす曲がり（筋肉のけいれん）、しびれ、熱さ冷たさが分からない、動作が他の人々に比べて遅いなどをはじめ、さまざまな困難を抱えており、それが何十年にもわたっている。加えて水俣病は、食生活を共にする地域ぐるみ、家族ぐるみの汚染による被害であって、周りの人々も同様の困難を抱えているのでそれが異常であるとは分からなかったという。

この点を明確にしないからこそ、「水俣病でもないのに補償金をもらった」「金目当てに補償の申請をする」などといった根拠のない風聞が流布し続ける。じつは、医学の世界や行政の関係者のなかにも、いま認定申請したり、給付申請をした人たちについて本当に水俣病かどうか疑わしいと感じている人が多くいる。これについては、時折新聞がスクープする以外は、なかなか証言はとれないのだが、オフレコの話ではよく聞く話である。また、裁判の法廷においては国や熊本県は聞くに堪えない主張を繰り返している。原告の父親（水俣病の認定患者）の写真を示して、まっすぐ立っているから運動失調はないので水俣病であるかどうか疑わしいといってみたり、糖尿病の既往歴のない原告に感覚障害は有機水銀によるものではなく、糖尿によるものだといってみたりする（この方は後に認定された）。過去から、いったん行政が水俣病を否定した人たちが、のちに認定されても、誰も責任を取らないし、棄却した審査会の医師たちが謝罪するのを見たこともない。

## 結論にかえて：二つの提案

こうした実情を踏まえて、具体的に考えなければならないことを二つだけ指摘しておこう。

第一は、被害者本人が申請手続きをとらなければならないという現行の制度を改めることであろう。たとえば、「住民健康管理手帳方式」の導入である。これは私の発案ではなく古くは水俣市議会議員をされていた日吉フミコさんが提案されていたし、関西訴訟の判決後、有馬澄雄さんも提言している（「いまこそ根本的な思考を――水俣病問題に関する5つの提言」『水俣病研究』第4号、2006年）。本来であれば、不知火海沿岸住民の全住民の被害実態調査を行い、被害者を把握するということが必要なのだが、これには時間も費用もかかる。さらには水俣病を理解し患者を診ている医師や医学者は少ない。水俣病に理解が乏しく狭隘な水俣病像を信奉している医師たちが診たところで、被害者救済につながるかどうか疑問である。

そこで、水銀暴露の広がっている地域の住民に対して、本人申請ではなく、暴露歴を有するすべての人への健康管理手帳（仮称）を交付し、汚染地域における医療救済を実施するというのはどうだろうか。実際、種々の救済策を通じて、現実的には6万人近い人々の医療費が無償になっていることを踏まえれば、あながち無理なことではないであろう。対象地域や期間をどうするかは、被害者や専門家の声を聞きながら進めればよい。被害者に対する補償は別途、公害健康被害補償法や、さまざまな被害者救済制度の改善を考えていけば良い。水俣病に対する差別的な意識が今なお強い現状では、本人申請主義を超えていかなければいつまでたっても、問題は終わらない。

第二に、公害健康被害補償法に基づく、認定と補償のシステムを閉じてはならないということである。

２００９年に公布された水俣病特措法第4条4項に「補償法に基づく水俣病に係る新規認定等を終了すること」と明瞭に書き込まれている。現時点で認定申請者数は千人を超えており、今もなお認定申請者が増加しているという状況の中で新規認定の終了という策は非現実的と思うのだが、法律の条項がある以上、これを適用しないように求めて行くほかはない。おそらく、いまなお潜在している被害者は少なく見積もっても数万人は存在しているのではないかと推測される。

その理由は、先に述べたように、水俣病と名乗り出ることへの社会的障壁（偏見や差別、本人や家族の不利益への恐れ）が今なお大きいからである。被害者のすべての救済と補償が終わるまではこの道を閉ざすことがあってはならない。

よしんば、新規認定を終了すれば、訴訟しか道は残されていない。水俣病特措法を巡る議論の過程で、行政側は新規認定終了後は訴訟をしていただければよいといっていた。ところが、そこには時効・除斥の壁（被害を受けてから20年たつと請求権が消滅するとの民法上の規定）が立ちはだかり、救済と補償の道筋は何もなくなってしまう。水俣病の原因ははっきりしているにもかかわらず、チッソ、国、県は生き残る一方、水俣病患者はいるが何ら補償と救済の手だてがないという状況が残り、これをもって水俣病の解決とするわけにはいかないであろう。

## 海外から注目される水俣

最後に、海外は水俣に注目していることをひとこと指摘してこの短い論稿を終える。熊本学園大学水俣学研究センターには、われわれが調査を重ねているカナダ先住民水俣病発生地域は別としても中国、韓国、タイ、台湾、インドネシアをはじめ海外からの訪問や調査依頼がしばしば舞い込んでくる。主要な関心は、水俣病という大規模な環境破壊と公害被害に日本はどのように対処し、今どうなっているのかということである。２０１３年11月、水俣で開かれた国際水銀条約締約国会議で首相が言明したように「日本は水銀による被害を克服した」などとはとてもいえる状況にはないし、他国に範を垂れることができる状況にはない。負の遺産としての公害、水俣病を、日本はいかに失敗したのか、その失敗をどのように将来に生かすことができるのか、このことを世界が注目していることを忘れてはならない。

水俣病60年という節目にたち、何が必要なのかあらためて論じなければならない。このような状況が水俣病の歴史なのだ。

参考書籍

水俣学研究センター編『水俣からのレイトレッスン』熊本日日新聞社、２０１３年
花田昌宣・原田正純『水俣学講義』第５集、日本評論社、２０１２年
原田正純『いのちの旅：「水俣学への軌跡」』（新版）、岩波書店岩波現代文庫、２０１６年
高峰武『水俣病を知っていますか』２０１６年４月、岩波ブックレットNo.９４８
月刊『部落解放』（特集　水俣病差別の60年）２０１６年４月号、解放出版社
月刊『ヒューマンライツ』（特集　公式確認60年）２０１６年５月号、部落解放人権研究所

# あとがき

花田　昌宣

水俣病発生の公式確認から60年、私たち水俣学研究センターとして何を伝えるのかと改めて考えてみた。「現地に学び、現地に返す」「歴史に学び、将来に活かす」とはどのようなことかと検討の上で、構想されたのがこの水俣学ブックレットであった。

第一部は、水俣からの歴史の証言である。登場する語り手はすべて水俣出身の方々であり、ほとんどの方が水俣で暮らしておられる。水俣病患者、水俣市役所元職員、チッソ労働者、水俣病患者の支援者、学校教師にそれぞれの立場から、自らの体験を語っていただいた。このようにさまざまな人たちが一堂に会して公開の場で話をするということはこれまでなかった。水俣病の60年の歴史がこうした企画を可能にしたのではないかと思う。貴重な歴史的な証言を収めることができた。

文章は、方言を交えた語り言葉で、分かりにくい表現もあるが、話し手の雰囲気をできる限り伝えたいとの思いから、講演記録の修正は最低限にとどめた。とはいえ、水俣や水俣病について触れるのが初めての人々にも、また水俣のことなら知っているよという方々、だれにでも読んでもらえるものと思う。

第二部は、第一部とは異なって、水俣学研究センターの研究者の手になる水俣病の現在の課題についての三つの課題についての叙述であり、全く水俣病が初めてという方には分かりにくいかもしれないと危惧する。ただ、これは、叙述が難しいのではなく、水俣病の課題が難しくなっていることの表れと受け止めてほしい。

学校教育の中で習う水俣病は、多くの場合、発生から、その原因、よくて患者たちの苦しみの経験を伝えるところまでで、時間軸で言えば、１９７０年代前半で終わってしまう。水俣病事件史で言えば全体の三分の一にもならない。60年の水俣病の歴史を記述するには短かすぎる。この時期は、加害者チッソと被害患者というように表面的な図式は単純であったし、分かりやすかった。そればかりではなく本書第一部にあるような事柄を果たして伝えきれているのだろうかと思う。

２００４年に水俣病の国や行政に責任が明確になった。20世紀半ばに起きた事件の責任の解明に約半世紀かかっている。さらに、何度も水俣病の解決、抜本的解決、最終解決等といわれながら、水俣病の問題は今日まで続いてきたし、今後も続いていくであろう。その一方で、水俣病60年という今日、なぜこんなに長い時間がかかっているのかを考えないといけないだろう。

水俣病はもう過去の問題なのではないか、あるいはまだ水俣か、また水俣かと思っている人々も多いかもしれない。本書をひもといていただければお分かりになると思うが、いまなお多くの課題が残されている。この機にできる限り多くの人の手に取っていただきたいと考えている。

本書の完成に至る過程では多くの方々のお世話になっている。特に水俣ほたるの家の伊東紀美代さん、水俣芦北公害研究サークルの田中睦さん、元新日窒労働者の山下善寛さんには感謝申し上げたい。なお本書は文部科学省私立大学戦略的研究基盤形成事業及び科研費（１５Ｈ０３４４２）の一部の支援を受けており記して感謝申し上げたい。

熊本学園大学・水俣学ブックレット　No.15

# 水俣病60年の歴史の証言と今日の課題

2016（平成28）年6月23日　発行

編者　花田昌宣・中地重晴
発行　熊本日日新聞社
編集　熊本学園大学水俣学研究センター
〒862－8680　熊本市中央区大江2丁目5番1号
TEL096（364）8913
制作・発売　熊日出版（熊日サービス開発出版部）
〒860－0823　熊本市中央区世安町172
表紙デザイン　ウチダデザインオフィス
印刷　シモダ印刷株式会社


ISBN978-4-87755-537-5 C0336